Inhalt

W0283372

1 Licht und Sehen

Fällt durch eine geschliffene Glasvase, ein Trinkglas aus Kristall oder durch Prismen Sonnenlicht, lassen sich viele verschiedene Farben beobachten. Trifft das Licht auf eine weiße Tischdecke, erscheint ein regenbogenartiger Lichtstreifen.

1

Experimente

Wir zerlegen weißes Licht

Experiment 1: Bestrahlen Sie verschiedene matte farbige Gegenstände mit weißem Licht und verringern Sie die Lichtintensität gleichmäßig, bis der Raum im völligen Dunkel liegt! Notieren Sie die Beobachtungen!

Experiment 2: Beleuchten Sie einen Raum (z. B. Ihr Wohnzimmer) mit einer Lampe, die über einen Dimmer regulierbar ist! Notieren Sie jeweils die Farben der Gegenstände, wenn Sie die Helligkeit der Lampe langsam drosseln!

Experiment 3: Richten Sie in einem verdunkelten Raum ein schmales Lichtbündel auf eine weiße Wand! Bringen Sie danach zwischen das Lichtbündel und die Wand ein gleichseitiges Prisma! Vergleichen Sie die Beobachtungen (Bild 4/2)!

Experiment 4: Bringen Sie eine Sammellinse in das Licht zwischen Prisma und Wand (↗ Exp. 3)!
Vergleichen Sie die Beobachtungen mit denen des Experiments 3 (Bild 5/1)!

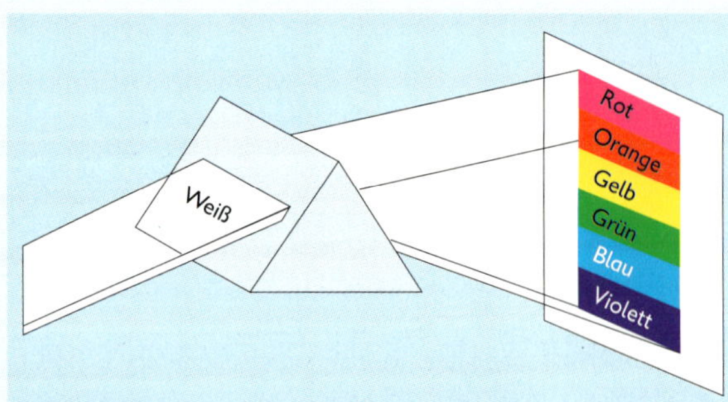

2

Experiment 5: Leiten Sie ein Lichtbündel durch ein gleichseitiges Prisma auf eine weiße Wand! Ordnen Sie zwischen Prisma und Wand zwei Abdeckungen (z. B. Karteikarten) so an, dass nur noch Licht einer Farbe durchtreten kann! Vergleichen Sie ihre Beobachtungen mit denen der Experimente 3 und 4!

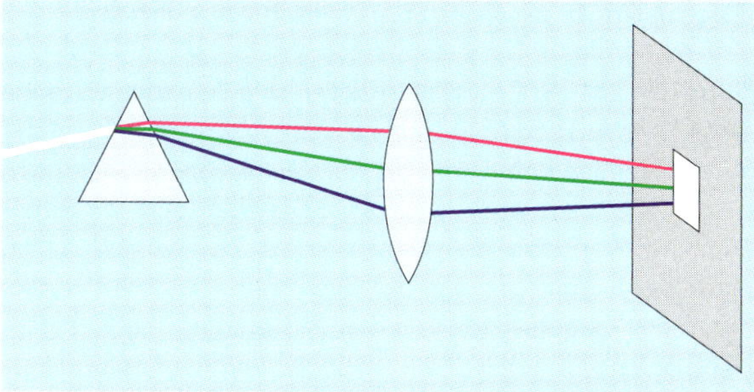

1

Experiment 6: Bringen Sie zwischen Abdeckung und weiße Wand (Exp. 5) ein weiteres gleichseitiges Prisma! Vergleichen Sie das Ergebnis mit dem von Exp. 3 (Bild 5/2)!

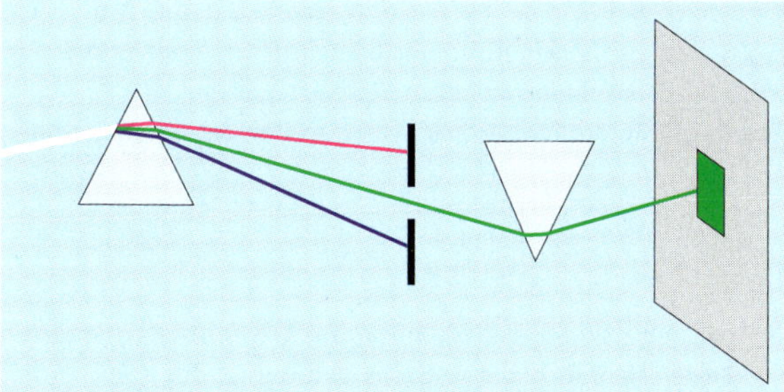

2

Experiment 7: Leiten Sie ein Lichtbündel durch ein gleichseitiges Prisma, hinter dem sich eine Sammellinse und dahinter eine weiße Wand befinden. Beobachten Sie! Halten Sie einen Bleistift so an die Rückseite der Sammellinse, dass bestimmte Farbanteile des Lichtes zurückgehalten werden (Bild 5/3)! Vergleichen Sie die Beobachtungen!

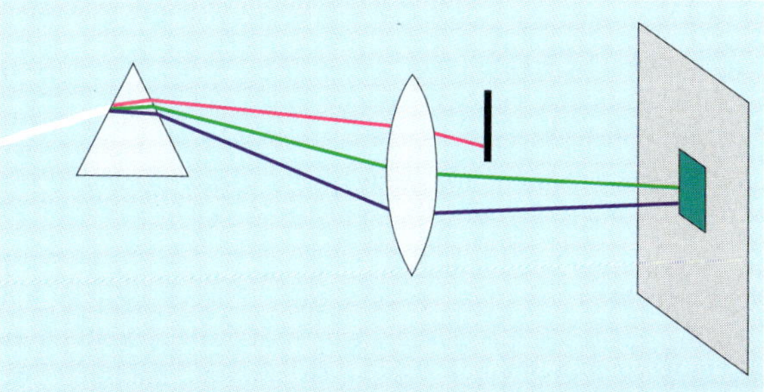

3

Experiment 8: Erhitzen Sie Proben von Natrium-, Kalium-, Calcium-(Xi), Strontium- und Bariumchlorid (Xn) in der entleuchteten Brennerflamme! Betrachten Sie die Flamme mit bloßem Auge und durch ein Spektroskop bzw. durch einen Spalt mithilfe eines Prismas! Notieren Sie, welches Alkali- oder Erdalkalimetallchlorid welche Flammenfärbung ergibt!
Experiment 9: Leiten Sie Licht unterschiedlicher Lichtquellen (z. B. Halogenlampen, Glühlampen, Natriumdampflampen, Edelgaslampen, Rotlicht) durch einen Spalt auf ein gleichseitiges Prisma und von dort auf eine weiße Wand! Halten Sie Ihre Beobachtungen in einer Skizze fest!

Wir mischen Farben

Experiment 10: Werfen Sie mit Diaprojektoren oranges, grünes und violettes Licht so an eine weiße Wand, dass die Farben teilweise überlappen! Notieren Sie Ihre Beobachtungen (Bild 5/4)!

4

Experiment 11: Heften Sie an eine weiße Wand farbiges Papier (DIN A4; z. B. Gelb, Orange, Rot, Violett, Blau und Grün) und bestrahlen Sie es mit einer Lampe! Betrachten Sie es etwa 40 Sekunden starr, aber entspannt! Lassen Sie das Papier entfernen und betrachten Sie die Stelle, an der das farbige Papier hing, eine gewisse Zeit weiter! Schildern Sie Ihre Beobachtung!
Experiment 12: Stellen Sie sich verschiedene Farbkreisel her und lassen Sie diese rotieren! Welche Farbänderungen treten auf? Fertigen Sie dazu eine tabellarische Übersicht der Ergebnisse an (↗ Bild 12/2)!
Experiment 13: Mischen Sie zu gleichen Anteilen die Farben Rot und Orange, dann dazu Gelb, danach dazu Grün, anschließend dazu Blau und abschließend dazu Violett! Verwenden Sie die Farben eines Deckfarbenkastens! Welche Farben haben die jeweils entstandenen Mischungen?
Experiment 14: Mischen Sie im Deckel eines Deckfarbenkastens die Farben Blau und Gelb! Malen Sie mit der erhaltenen Farbe auf Papier einen Farbstreifen! Geben Sie zu der gemischten Farbe einen Tropfen einer beliebigen anderen Farbe und mischen Sie! Zeichnen Sie damit einen zweiten Streifen auf Papier! Setzen Sie diese Mischungsversuche beliebig fort und vergleichen Sie die gemalten Farbstreifen! Notieren Sie, welche Farbmischungen welche Farbe ergeben!
Experiment 15: Mischen Sie im Deckel eines Deckfarbenkastens die Farben Rot, Blau und Gelb so lange zusammen, bis sich ein Braunton ergibt! Verändern Sie diesen mit wenig Rot, Ocker, Weiß, Gelb und malen Sie mit jedem Farbton

einen Streifen auf ein weißes Blatt Papier! Notieren Sie die Art der Mischung und den erhaltenen Farbton!

Experiment 16: Stellen Sie aus farbiger Schulkreide verschiedene Farbpulver her! Vermischen Sie jeweils zwei der Farbpulver innig, z. B. Rot – Blau; Gelb – Blau, Rot – Gelb, Rot – Grün, Gelb – Violett, Orange – Blau und betrachten Sie die Mischungen in weißem Licht!
Notieren Sie Ihre Beobachtungen!

Experiment 17: Stellen Sie vor einen mit einer Spaltblende versehenen Diaprojektor eine Küvette mit einer farbigen Lösung und leiten Sie das austretende Licht durch ein gleichseitiges Prisma auf eine weiße Wand! Wiederholen Sie dieses Experiment mit Küvetten, die andere farbige Lösungen enthalten! Vergleichen Sie die Farben der Lösungen mit denen auf dem Projektionsschirm!

Experiment 18: Richten Sie das Lichtbündel eines Diaprojektors auf eine weiße Wand! Halten Sie anschließend verschiedene Farbfolien einzeln oder paarweise in den Lichtkegel des Projektors! Vergleichen Sie die Beobachtungen mit denen des Experiments 16!

Gegenstände erscheinen unterschiedlich farbig

Experiment 19: Bestrahlen Sie verschiedene matte farbige Gegenstände zuerst mit weißem Licht und anschließend mit unterschiedlich farbigem Licht! Vergleichen Sie die Beobachtungen! Fertigen Sie eine Übersicht an, die folgende Angaben enthält: Farbe des Gegenstandes bei weißem Licht, Farbe des Lichtes, mit dem der Gegenstand bestrahlt wurde, Farbe des Gegenstandes bei der Bestrahlung mit farbigem Licht!

Experiment 20: Strahlen Sie mit einer UV-Lampe Lösungen verschiedener Vollwaschmittel, Vollwaschmittelpulver, Rohchlorophylllösung, Geldscheine, Reflektoren von Fahrrädern, Schulranzen, Kleidung u. ä. an!
Was stellen Sie fest?

Experiment 21: Knicken Sie in einem dunklen Raum ein Röhrchen zur Markierung des Schwimmers einer Angel! Welche Erscheinung konnten Sie beobachten?
Notieren Sie die Dauer des Auftretens dieser Erscheinung!

Aufgaben

1. Betrachten Sie den Rand verschiedener Linsen oder geschliffener Gläser unter Lichteinfall und erklären Sie die auftretenden Erscheinungen!
2. Geschliffene Diamanten funkeln, das Glas an einem Kronleuchter funkelt.
   Worauf sind diese Erscheinungen zurückzuführen?
3. Von folgenden Lichtquellen werden Spektren aufgenommen: a) Glühlampe, b) Natriumdampflampe, c) Sonnenlicht, d) leuchtendes gasförmiges Helium unter niedrigem Druck, e) leuchtende Brennerflamme, in der Kochsalz verdampft wurde. Ordnen Sie die erhaltenen Spektren kontiniuerlichen Spektren oder Linienspektren zu!
4. Folgende Farben befinden sich in einem Farbkasten: Grün, Blaugrün, Gelborange, Rot, Violett, Gelb, Braun, Weiß, Orange, Blau, Purpur, Schwarz.
   a) Geben Sie an, welche Farben zum 6-teiligen Farbkreis gehören!
   b) Ordnen Sie die Spektralfarben in der Reihenfolge des Farbspektrums!
   c) Warum gehören Weiß und Schwarz nicht zu den Spektralfarben?
5. Geben Sie zu folgenden Farben die Komplementärfarbe an: a) Blau, b) Rot, c) Violett! Erläutern Sie, was man unter Komplementärfarben versteht!
6. In vielen Fleischereien werden im Schaufenster zwischen das Fleisch grüne Salatblätter oder Petersilie gelegt. Versuchen Sie Gründe dafür zu nennen!
7. Untersuchen Sie verschiedene Fleischerläden hinsichtlich der Beleuchtung ihrer Schaufenster und Verkaufstheken! Warum werden die Auslagen so beleuchtet? Was will man damit beim Verbraucher erreichen?
8. Die meisten Säugetiere haben im Gegensatz zu anderen Tieren kein farbiges Äußeres. Warum ist das so?
9. Ermitteln Sie mithilfe des 6-teiligen Farbkreises, welche Farben vorliegen, wenn man a) Rot und Blau, b) Rot und Grün, c) Grün und Orange und d) Gelb und Rot additiv mischt!
10. In der Natur kommt neben der grünen Farbe häufig das Braun vor. Diese Farbe ist aber weder im Farbenkreis noch unter den Komplementärfarben zu finden. Warum kann dann trotzdem die Farbe Braun entstehen?
11. Gehen Sie in verschiedene Modeboutiquen und ermitteln Sie deren Beleuchtung! Welchen Sinn hat die Verwendung des benutzten Lichtes? Welche Form der Farbmischung wird dabei genutzt?
12. Welche Farbe hat ein gelbes T-Shirt, wenn Sie es a) bei Tageslicht, b) bei blauem, c) bei rotem Licht betrachten? Welche Form der Farbmischung liegt vor? Begründen Sie!
13. Betrachten Sie das Testbild eines Farbfernsehers mit einer großen Lupe! Beschreiben Sie Ihre Beobachtungen!
14. Farbige Folien oder Gläser wirken als Farbfilter für bestimmte Spektralfarben, so dass nur bestimmte Farben des weißen Lichtes durchgelassen werden. Ein blaues Glasfilter lässt Grün, Blau und Violett und ein Gelbfilter Rot, Gelb und Grün durch.
    Welche Farbe erscheint, wenn Sie beide Filter hintereinander von weißem Licht durchstrahlen lassen?
15. Ein bestimmter Stoff ist in der Lage, blaues Licht zu absorbieren.
    Welche Farbe hat dieser Stoff für das Auge?
16. Die Blüte einer Rose ist rot. Erläutern Sie das Zustandekommen dieses Farbeindruckes!

Weißes Licht ist farbig

Farbwahrnehmung durch Licht. In einem dunklen Raum sind Gegenstände nur durch Betasten erkennbar. Erst wenn Licht, Beleuchtung, vorhanden ist, lassen sich Gegenstände und deren Farben mit den Augen erfassen und wahrnehmen (Bild 7/1 und 7/2). Durch das Licht entsteht der *Farbeindruck*. Licht ist also unerlässlich, um die Farben von Gegenständen zu erkennen (Exp. 1,2). Licht ist elektromagnetische Strahlung bestimmter *Wellenlängenbereiche* (Bild 7/3). Es gibt für den Menschen *sichtbares Licht*, z. B. das weiße Licht der Sonne. Dieses liegt in einem Wellenlängenbereich zwischen 400 nm und 700 nm. Außerdem gibt es für den Menschen *nicht sichtbares Licht*, z. B. *ultraviolettes Licht* und *infrarotes Licht*.

Bild 7/1 Farbige Gegenstände in einem wenig beleuchteten Raum

Bild 7/2 Farbige Gegenstände in einem gut beleuchteten Raum

Dispersion des Lichtes. Das weiße Sonnenlicht setzt sich aus Lichtbündeln unterschiedlicher Wellenlängenbereiche zusammen. Deshalb kann es beim Durchgang durch ein Prisma in seine farbigen Bestandteile, die *Spektralfarben*, zerlegt werden (Exp. 3; Bild 4/2). Diese Aufspaltung des weißen Lichts wird als Dispersion bezeichnet. So erhält man beim Durchgang dieses Lichtes durch ein Prisma keinen weißen Streifen (Exp. 3, erster Teil), sondern ein farbiges Band in der Farbreihenfolge Rot, Orange, Gelb, Grün, Blau und Violett (Exp. 3, zweiter Teil; Bild 7/4).

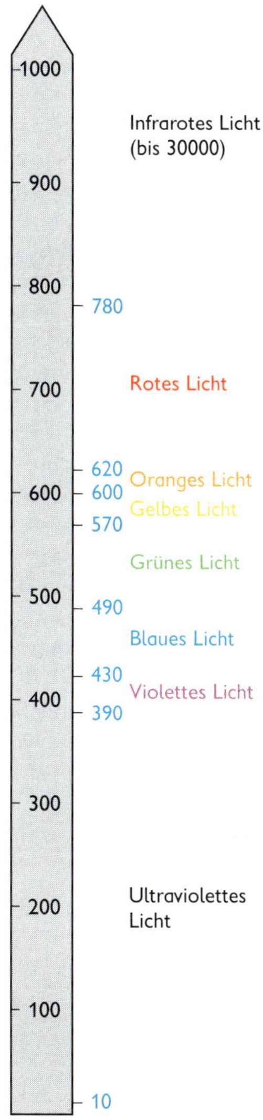

Bild 7/3 Wellenlängenbereiche des Lichtes (Wellenlänge λ in nm)

Bild 7/4 Kontinuierliches Spektrum

Bild 8/1 Quecksilberdampflampe

Spektren. Das im Experiment 3 erhaltene Farbband ist ein *Spektrum*, die darin zu sehenden sechs Farben sind die Spektralfarben. Die Spektralfarben können durch ein weiteres Prisma nicht weiter aufgespalten werden (Exp. 6; Bild 5/2). Da diese Spektren lückenlose Farbbänder sind, werden sie als *kontinuierliche Spektren* bezeichnet. Ein kontinuierliches Spektrum entsteht auch, wenn weißes Licht durch ein *Gitter* gelenkt wird. Wird zwischen Prisma und Projektionswand eine Sammellinse gebracht (Exp. 4; Bild 5/1), entsteht wieder ein weißer Streifen. Daraus folgt, dass alle Farben des Spektrums zusammen wieder den Farbeindruck Weiß vermitteln.

Werden dagegen Wellenlängenanteile bestimmter Farben zurückgehalten, entsteht auf der Projektionswand eine *Mischfarbe* (Exp. 7; Bild 5/3).

Das Erscheinungsbild des Spektrums ist abhängig von der Lichtquelle. Sonnenlicht und andere weiß glühende feste Körper, Flüssigkeiten oder unter hohem Druck stehende heiße Gase senden alle Spektralfarben aus und bilden deshalb lückenlose Farbbänder, kontinuierliche Spektren. Neben dem sichtbaren Licht senden die glühenden Körper auch nicht sichtbares Licht, z. B. ultraviolettes oder infrarotes Licht (↗S. 7) aus.

Zerlegt man Licht anderer Lichtquellen, ergeben sich andere Spektren. Wird z. B. Licht von Natriumdampf oder Licht einer Quecksilberdampflampe (Bild 8/1) durch einen Spalt auf ein Prisma geleitet, entstehen Spektren, die nur aus einzelnen, scheinbar unregelmäßig angeordneten farbigen Linien bestehen (Exp. 8 und 9). Solche Spektren heißen *Linienspektren*. Für jeden Licht aussendenden Stoff ist das Linienspektrum charakteristisch (Bild 8/2).

Wird ein Körper oder ein Stoff (z. B. Farbfilter, Natriumdampf) durchleuchtet, kann ein Teil des sichtbaren Lichtes absorbiert und ein anderer Teil durchgelassen werden. Auf diese Weise entsteht ebenfalls ein Spektrum, das als *Absorptionsspektrum* bezeichnet wird. Das ist z. B. der Fall, wenn Licht einer Glühlampe oder Sonnenlicht durch ein Gas wie Natriumdampf geleitet wird. Der Natriumdampf absorbiert aus dem Sonnen- oder Lampenlicht genau jenes Licht, das er selbst beim Leuchten oder Glühen aussenden (emittieren) würde. Deshalb besteht das Absorptionsspektrum des Natriums aus einem kontinuierlichen Spektrum mit dunklen *Spektrallinien*.

Beim Absorptionsspektrum des Natriums erscheinen genau an der Stelle zwei dunkle Striche, an der im Linienspektrum die gelben Natriumlinien vorhanden waren.

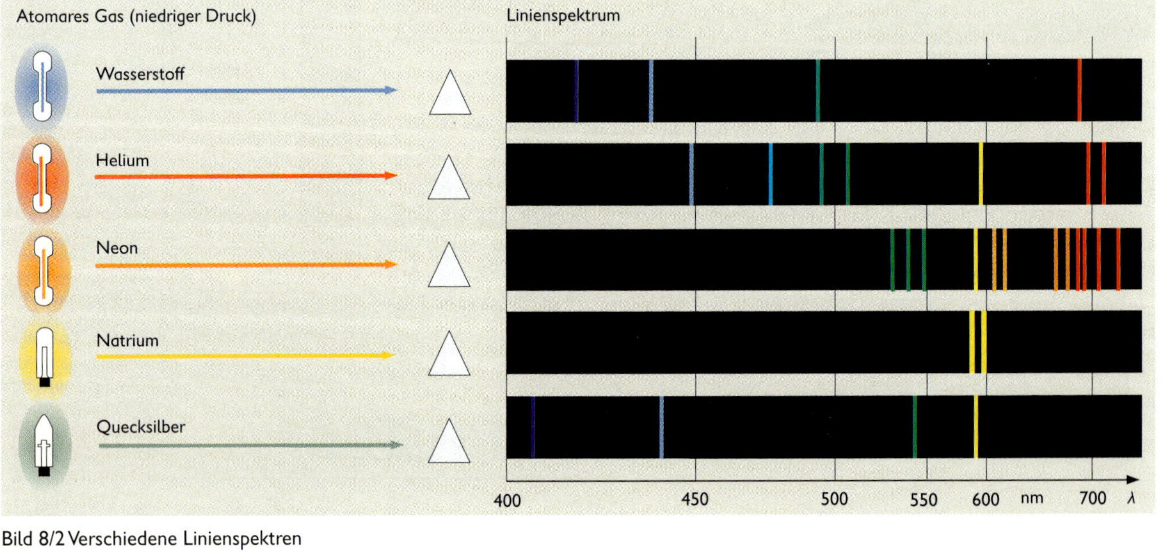

Bild 8/2 Verschiedene Linienspektren

Spektralanalyse. Mit dem Auswerten von Spektren befasst sich die Spektralanalyse. Sie ist ein Verfahren, mit dem aus dem Spektrum die qualitative und die quantiative Zusammensetzung fester, flüssiger und gasförmiger Stoffe ermittelt wird. Im einfachsten Fall wird der Stoff durch Einbringen in eine Flamme angeregt, Licht auszusenden. Die Bildung des Spektrums erfolgt in einem *Spektrometer* (Bild 9/1). Aus den Spektren können vielfältige Informationen entnommen werden. Deshalb hat die Spektralanalyse breite Anwendungsbereiche, z. B. liefert sie Erkenntnisse über die Zusammensetzung von Sternen.

Bild 9/1 Handspektroskop

Wie Menschen und Tiere die Farben sehen

Farbwahrnehmung des Menschen. Der Mensch nimmt Farben nur im Zusammenspiel von *Auge* und Gehirn wahr. Das sichtbare Licht reizt die *Rezeptoren* der *Netzhaut* des Auges, wodurch sich die in den Sehzellen enthaltene Flüssigkeit chemisch verändert. Auf der Netzhaut befinden sich lichtempfindliche Rezeptoren. Etwa 75 bis 120 Millionen *Stäbchenzellen* ermöglichen das Schwarz-Weiß-Sehen und etwa 3 bis 8 Millionen *Zapfenzellen* das *Farbsehen*. Es werden drei Zapfenarten, die verschiedene farbempfindliche *Sehpigmente* (chemisch *Rhodopsine*) enthalten, unterschieden. Damit ist es möglich, die drei Grundfarben Blau, Grün und Rot zu erfassen und durch Farbmischung 130 bis 150 reine Farbtöne zu erzeugen. Für die Farbempfindung ist der Grad der *Anregung der* Zapfenarten ausschlaggebend. Geringe Lichtintensität reicht zur Reizung der Zapfen nicht mehr aus. Die empfindlicheren Stäbchen werden dagegen noch gereizt, vermitteln aber nur hell oder dunkel. Deshalb können bei schwacher Beleuchtung nur verschiedene Grautöne, aber keine Farben wahrgenommen werden (Sprichwort: Nachts sind alle Katzen grau.). Aus diesem Grunde ist bei eintretender Dämmerung im Straßenverkehr immer mit Licht zu fahren.

Das Auge leitet die Farbreize über den *Sehnerv* zum *Sehzentrum* des Gehirns. Dort bewirken sie den Farbeindruck, das *Farbempfinden* (Bild 9/2 und 9/3).

Neben den physikalischen und chemischen Vorgängen der Farbwahrnehmung spielen auch physiologische und psychische Faktoren eine Rolle. So muss derselbe Farbreiz nicht bei allen gesunden Menschen dasselbe Farbempfinden hervorrufen.

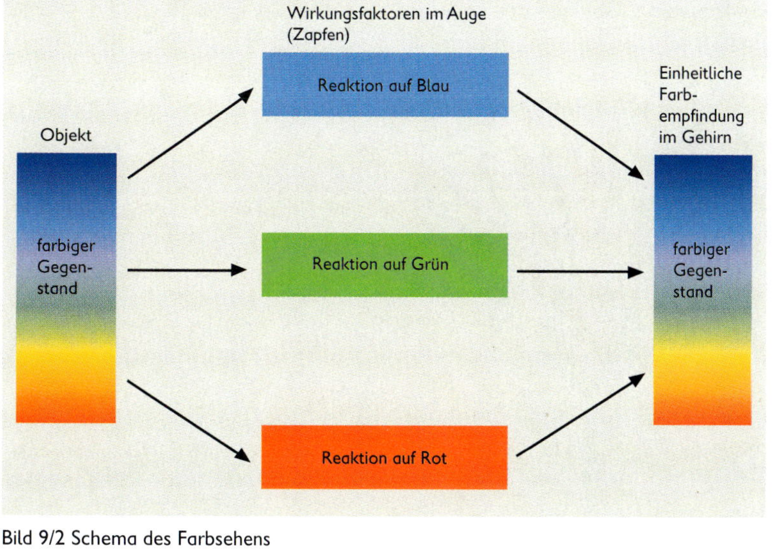

Bild 9/2 Schema des Farbsehens

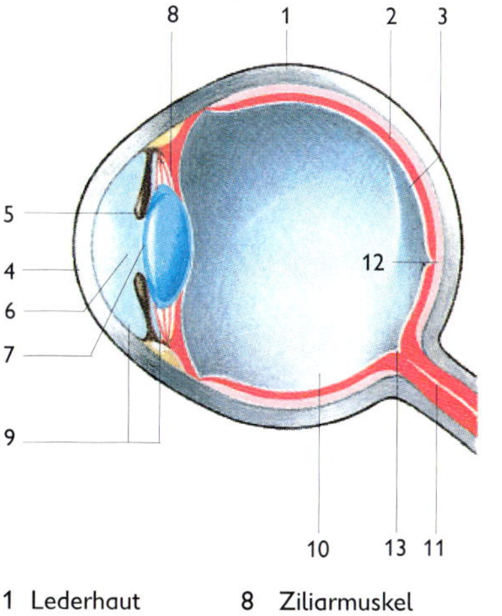

1 Lederhaut
2 Aderhaut
3 Netzhaut
4 Hornhaut
5 Iris
6 Pupille
7 Augenlinse
8 Ziliarmuskel
9 Augenkammer
10 Glaskörper
11 Sehnerv
12 Netzhautgrube
13 Blinder Fleck

Bild 9/3 Längsschnitt durch ein menschliches Auge

Farbsehstörungen des Menschen. Es gibt Menschen, bei denen die Rot oder die Grün rezeptierenden Zapfen nicht präzise arbeiten. Diese Menschen können Rot und Grün nicht unterscheiden. Der Übergang vom normalen zum leicht gestörten Farbensehen ist fließend. Die meisten Menschen, die darunter leiden, haben eine abgestuft schlechte Farbensicht. Bei etwa 10 Prozent der Männer, aber nur 0,5 Prozent der Frauen lassen sich durch sensible Farbtests (Bild 10/1) Auffälligkeiten nachweisen. Bei jedem fünfzigsten Mann ist der totale Ausfall einer Zapfenart feststellbar, wodurch es verschiedene Arten der Farbsehstörung gibt, die jedoch seltener als die *Rot-Grün-Farbsehstörung* vorkommen. Farbsehstörungen können durch Erkrankungen des Sehapparates oder durch Vergiftungen hervorgerufen werden sowie angeboren sein. Angeborene Sehstörungen sind geschlechtsgebunden vererbt.

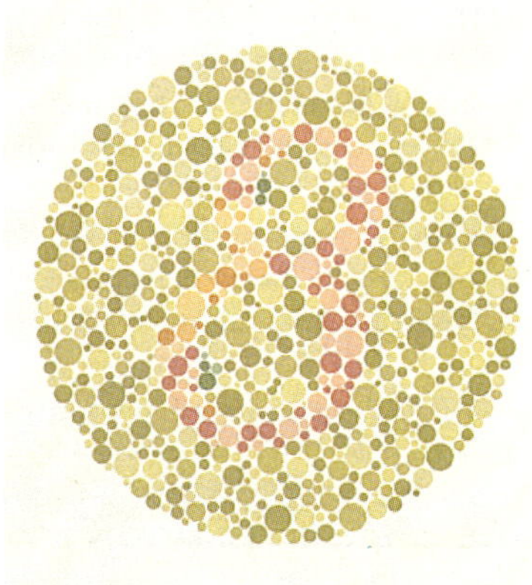

Bild 10/1 Farbtestbild

"Riesenhoffnung für Millionen Farbenblinde!" Dem britischen Augenoptiker David Harris von der Augenklinik St.-James-Hospital in Leeds ist eine Entdeckung gelungen, die voraussichtlich Millionen Menschen helfen wird, die bisher farbenblind waren. Bei fast allen Menschen ist jeweils ein Auge stärker ausgebildet als das andere. Die Aufhebung der Farbenblindheit ist David Harris gelungen, indem er auf das schwächere Auge eine rotgetönte Kontaktlinse setzt. Harris entwickelte eine Entdeckung aus den USA von 1990 weiter. Eine exakte wissenschaftliche Erklärung, warum damit die Farbenfehlsicht aufgehoben werden kann, ist bisher noch nicht gelungen, nur die empirischen Ergebnisse belegen den Erfolg (Aus "Berliner Morgenpost" vom 7./8.4.1996).

Farbwahrnehmung der Tiere. Sehr unterschiedlich ist das Farbsehen bei Tieren. Schmetterlinge können Rot nicht wahrnehmen und fliegen deshalb auch selten rote Blüten an. Für Bienen und viele andere Insekten trifft das ebenfalls zu. Sie nehmen Ultraviolett, Violett, Blau, Grün, Gelb und Orange wahr (Beachten Sie die Ergebnisse von Exp. 13, Seite 17!). Weil Bienen also ultraviolettes Licht gut wahrnehmen, können sie für den Menschen gleich aussehende Farben unterscheiden. Werden rote Blüten dennoch von Insekten bestäubt, z. B. rote Klatschmohnblüten durch Bienen, reflektieren die Blüten zusätzlich Licht im Ultraviolett-Bereich (UV-Bereich). Der Klatschmohn hat solche Reflektoren an den Staubgefäßen. Außerdem haben viele Blüten um den Blüteneingang herum Saftmale, die nur gelb reflektieren und von Bienen besonders gut wahrgenommen werden (Bild 10/2). Rote tropische Blüten werden von Kolibris bestäubt, die ein ähnliches Farbenspektrum wie der Mensch wahrnehmen können. Tintenfische nehmen nur blaues Licht wahr, denn in Wassertiefen unter 30 m gelangt nur noch der blaue Anteil des Lichtes, während die anderen Anteile vom Wasser absorbiert werden. Wasserflöhe dagegen, die in flachen Gewässern beheimatet sind, nehmen Orange, Gelb, Grün, Blau, Violett und sogar Ultraviolett wahr. Auch andere Fische können Farben sehen, viele Säuger dagegen nicht. Dazu gehört z. B. der Stier, der die Farbe eines roten Tuches gar nicht erkennt und auch ein andersfarbiges Tuch attackieren würde. Andere Huftiere (z. B. Pferd, Schaf, Rothirsch) sind relativ farbtüchtig. Obwohl vieles noch nicht untersucht ist, kann davon ausgegangen werden, dass von den Säugetieren die Primaten (Menschen, Affen und einige Halbaffen) am besten Farben sehen können.

Auch die meisten nachtaktiven Säuger, wie Hausratte, Goldhamster, Lemuren, Goldschakal und Kojote, können keine Farben sehen.

Bild 10/2 Blütenbestäubung durch Insekten

Farben lassen sich mischen

Farbeindrücke. Im Spektrum des Sonnenlichtes lassen sich nur 6 Farben unterscheiden. Diese Spektralfarben können in einem *Farbkreis* angeordnet werden. Die gegenüberliegenden *Farbpaare* sind:

Rot	–	Grün
Orange	–	Blau
Gelb	–	Violett

Beim Fernsehen, beim Betrachten eines Gemäldes, beim Durchblättern eines Werbekatalogs nimmt der Mensch eine viel größere Fülle von Farbeindrücken wahr. Wie kommt es, dass im täglichen Leben viel mehr Farben auftreten, als im Spektrum des Sonnenlichts vorhanden sind? Diese Frage ist einfach zu beantworten. Aus einigen *Grundfarben* lassen sich durch Mischen viele weitere Farben herstellen. Die Farbmischung kann auf unterschiedliche Weise erfolgen.

Additive Farbmischung. Die Entstehung des farbigen Bildes beim *Farbfernseher* beruht auf dem Prinzip der Mischung von farbigem Licht. Bei genauer Betrachtung des Fernsehbildes lassen sich einzelne kleine Stäbchen erkennen (Bild 11/1). Sie sind übereinander und nebeneinander angeordnet. Jedes Stäbchen kann orange, grün oder violett leuchten. Immer drei Stäbchen liegen dicht nebeneinander. Sie gehören zusammen und bilden einen Leuchtpunkt. Die Punkte werden von drei getrennten Elektronenstrahlröhren unterschiedlich zum Leuchten angeregt. Ihr Licht vereinigt sich zum Licht einer Mischfarbe, da das Auge aus der Entfernung die unterschiedlichen Farbpunkte nicht mehr erkennen kann. Für jeden farbigen Bildpunkt gibt es demnach drei Leuchtpunkte. Leuchten alle drei gleich hell auf, erscheint der Bildpunkt weiß, leuchtet keiner, erscheint er schwarz.

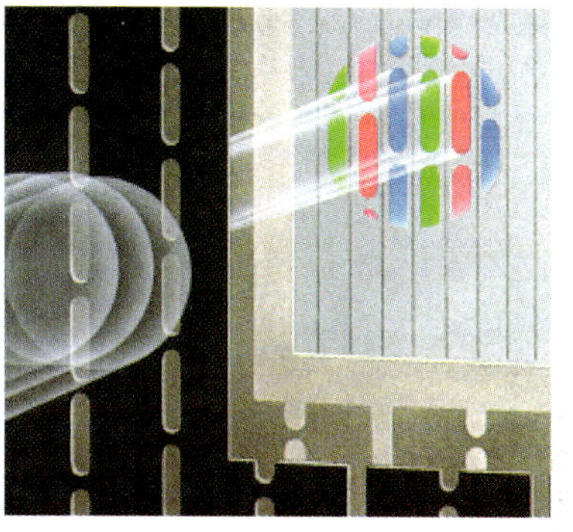

Bild 11/1 Farbentstehung beim Farbfernsehbild

Der Vorgang, bei dem Farbmischungen durch Vereinigung (Addition) von Licht verschiedener Farben entstehen, ist eine additive Farbmischung (Bild 11/2 und 11/3).

Durch additive Farbmischung können aus den drei Grundfarben Orange, Grün und Violett alle Farbtöne dargestellt werden. Durch weiteres Mischen von je zwei Nachbarfarben des Farbenkreises oder durch Mischen der Grundfarben in unterschiedlichen Mischungsanteilen entstehen immer mehr Zwischenfarbtöne. Diese Mischfarben verlieren jedoch an Leuchtkraft.

Die Farbtöne, die bei der Farbmischung entstehen, werden nicht von allen Menschen gleich empfunden und deshalb oft unterschiedlich benannt. Manchmal werden die Grundfarben der additiven Farbmischung auch als Rot, Grün und Blau bezeichnet wie bei den RGB-Farben von Computermonitoren und den Bildröhren von Farbfernsehern.

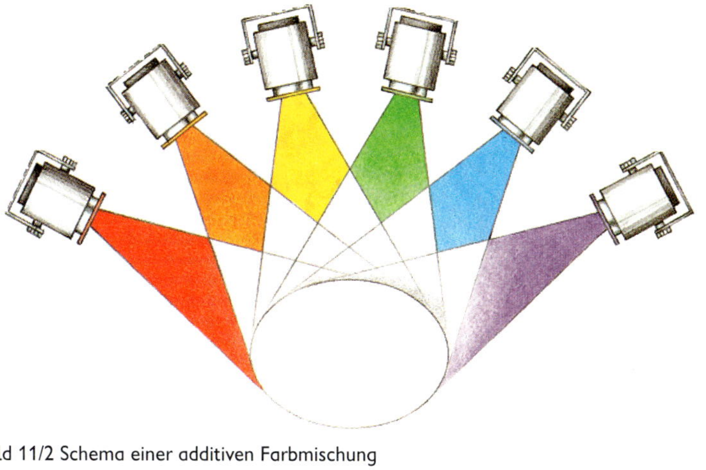

Bild 11/2 Schema einer additiven Farbmischung

Bild 11/3 Additive Farbmischung

Werden alle Farben des Spektrums im richtigen Verhältnis gemischt, entsteht der Farbeindruck Weiß. Fehlt eine Lichtfarbe, erscheint das gemischte Licht wieder farbig (Exp. 10). Fehlt z. B. violettes Licht, ist die Mischfarbe gelb. Fehlt gelbes Licht, ist die Mischfarbe violett.
Werden zwei im Farbkreis (Bild 12/1) gegenüberliegende Farben additiv gemischt, entsteht der Farbeindruck Weiß. Solche Farben nennt man Komplementärfarben (Ergänzungsfarben, Gegenfarben). Wird der Farbkreis um seinen Mittelpunkt zum Rotieren gebracht, entsteht ebenfalls der Farbeindruck Weiß (Exp. 12, Bild 12/2). Die Komplementärfarben zeigen gegeneinander den größten Farbkontrast. Wird eine Grundfarbe, z.B. Rot, auf weißem Untergrund längere Zeit betrachtet, so ist nach Ausblenden des roten Lichtes an dieser Stelle die Komplementärfarbe Grün wahrzunehmen (Exp. 11).

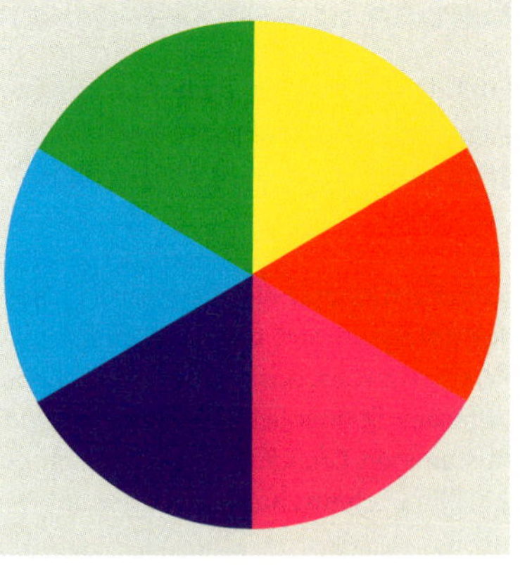

Bild 12/1 Sechsteiliger Farbkreis

Subtraktive Farbmischung. Farben lassen sich auch auf andere Weise mischen. Will man mit Farben aus dem Deckfarbkasten ein Bild malen, müssen die einzelnen Farben miteinander gemischt werden (Exp. 13 bis 16). Dabei werden Anteile des weißen Lichts durch die Farben ausgeblendet bzw. absorbiert ("subtrahiert"; Bild 12/3). Das restliche Licht wird reflektiert und ergibt eine Mischfarbe.

Bild 12/3 Schema einer subtraktiven Farbmischung

Bild 12/2 Farbkreisel

Das Entstehen von Farben auf diese Weise ist ein Beispiel für subtraktives Farbmischen. Subtraktive Farbmischung liegt bei nicht selbstleuchtenden Körpern vor, wie bei Farbfotos, Farbdias und Gemälden, bei Farblacken, bei eingefärbten Kunststoffen. Durch subtraktive Farbmischung werden auch Maler- und *Anstrichfarben* hergestellt. Soll eine bestimmte Malerfarbe hergestellt werden, sind Kenntnisse darüber erforderlich, welche Farbe welche Lichtanteile reflektiert. Zum Beispiel reflektiert gelber Farbstoff Orange, Gelb und Grün. Blauer Farbstoff reflektiert dagegen Grün, Blau und Violett.
Die Grundfarben beim subtraktiven Mischen sind Gelb, Rot und Blau. Aus ihnen lassen sich alle anderen Farben mischen, z. B.:

Gelb	+	Rot	ergibt	Orange
Gelb	+	Blau	ergibt	Grün
Rot	+	Blau	ergibt	Violett

Mischt man alle drei Grundfarben, entsteht Schwarz (Bild 12/4).
Subtraktive Farbmischung liegt auch vor, wenn durch *Farbfilter* bestimmte Anteile des weißen Lichtes aus dem Spektrum zurückgehalten werden. Wird der rote bis orangefarbene Teil des Spektrums durch ein Filter zurückgehalten, erscheint das Licht blau. Werden mit einem anderen Filter die Blauanteile des Lichts absorbiert, sieht es für unser Auge gelb aus. Befinden sich beide Filter hintereinander, wird nur noch eine einzige Farbe, das Grün, durchgelassen (Exp. 17 und 18).

Bild 12/4 Subtraktive Farbmischung

Warum die Körper farbig sind

Körperfarbe und Komplementärfarben. Farbigkeit von Stoffen und Körpern beruht immer auf Wechselwirkungen zwischen Licht und den Teilchen, aus denen die Stoffe aufgebaut sind. Wesentlich für die Farbigkeit der Körper ist die Lichtabsorption. Weißes Licht fällt auf einen Körper, ein Teil des Lichtes wird absorbiert, ein anderer Teil reflektiert. Die reflektierten Teile des Lichtes vermitteln den Farbeindruck. Absorbierte und reflektierte Strahlung sind komplementär (Bild 13/1; Tabelle). Meist werden mehrere Farbanteile des weißen Lichtes reflektiert. Deren Mischung ergibt den Farbeindruck. Es kann aber auch vorkommen, dass ein Körper alle bis auf eine Farbe absorbiert und demnach nur eine Farbe reflektiert. Ist beispielsweise ein Körper rot, kann es sein, dass er aus dem Spektrum die blaugrünen Anteile absorbiert hat. Die übrigen Farbanteile des weißen Lichtes werden reflektiert und vom Betrachter als rot empfunden. Es kann aber auch sein, dass der Körper alle Farbanteile des weißen Lichtes außer den roten absorbiert. Auch in diesem Fall erscheint der Körper rot (Bild 13/2).
Schwarz erscheinen Gegenstände, die nahezu das gesamte einfallende weiße Licht absorbieren. Weiß dagegen, wenn sie nahezu alles Licht reflektieren.

Bild 13/1 Absorbierte Farbe und Komplementärfarbe

Absorbierte Farbe und Komplementärfarbe

Wellenlänge λ in nm	Absorbierte Farbe	Reflektierte Komplementärfarbe
400 bis 435	Violett	Gelb
435 bis 480	Blau	Orange
500 bis 560	Grün	Rot
580 bis 595	Gelb	Violett
595 bis 605	Orange	Blau
605 bis 770	Rot	Grün

Körperfarbe und farbiges Licht. Gleiche Körperfarben erscheinen aber nicht immer gleich. Kauft man ein T-Shirt, ein Stück Fleisch oder betrachtet ein Bühnenbild (Bild 13/3), immer ist die wahrgenommene Farbe abhängig von der Farbe des Lichtes, mit dem der Gegenstand bestrahlt wird und von dem Reflexionsvermögen des Gegenstandes für verschiedenfarbiges Licht. Diese Tatsache wird beim Verkauf von Waren oft ausgenutzt, indem die Waren mit farbigem Licht angestrahlt werden und nicht mit weißem. Deshalb sollten Produkte vor dem Kauf möglichst bei normalem Tageslicht betrachtet werden (Exp. 19).

Bild 13/3 Farbig angestrahltes Bühnenbild

Bild 13/2 Feuerlöscher

Körperfarbe durch Lichtemission. Ein Körper kann auch farbig sein, obwohl er gar nicht mit Licht bestrahlt wird. In diesem Fall beruhen Licht- und damit Farbentstehung auf der Aussendung (Emission) von weißem oder farbigem Licht. Werden z. B. Fluoreszein- (Bild 14/1), Chlorophyll- oder Kastaniensaftlösungen (Bild 14/2) mit *UV-Licht* bestrahlt, kommt es zur *Emission von Licht*. Das Leuchten hört aber sofort auf, wenn die UV-Strahlenquelle abgeschaltet wird (Exp. 20). Diese Art der Lichtemission heißt *Fluoreszenz*. Ausgenutzt wird der Effekt der Fluoreszenz bestimmter Stoffe bei Signalfarben, für Fahrbahnmarkierungen, Verkehrsschilder und Sicherheitsbekleidung (Bild 14/3).

Bild 14/1 Mit UV– Licht angestrahlte Fluoreszeinlösung

Bild 14/3 Fluoreszierende Kleidung und Reflektoren

Bild 14/2 Mit UV– Licht angestrahlter Saft aus einem Kastanienzweig

Auch die Wirkung *optischer Aufheller*, die auf Textilien aufgetragen werden oder in Waschmitteln enthalten sind, beruht auf dem Effekt der Fluoreszenz. Das ist in einer Disco und der dort typischen Beleuchtung bei einigen Kleidungsstücken zu beobachten. Leuchtet ein Stoff nach Bestrahlen mit UV-Licht weiter, obwohl die Bestrahlung längst eingestellt wurde, nennt man diese Erscheinung *Phosphoreszenz*. Solche Effekte treten zum Beispiel bei stark geglühtem, mit Schwermetallspuren vesetztem Calciumsulfid oder von Strontium-, Barium-, Zink- und Cadmiumsulfid auf. Beide Arten der *Lichtemission* sind Erscheinungsformen der *Lumineszenz*. Dabei werden Stoffe mit UV-Licht bestrahlt (angeregt) und zeigen unterschiedlich lang anhaltende Lichterscheinungen. Es finden keine stofflichen Veränderungen statt. Ähnlich ist auch die *Flammenfärbung* bestimmter Alkalimetall- oder Erdalkalimetallsalze (Bild 14/4 und 14/5) zu erklären (Exp. 8).

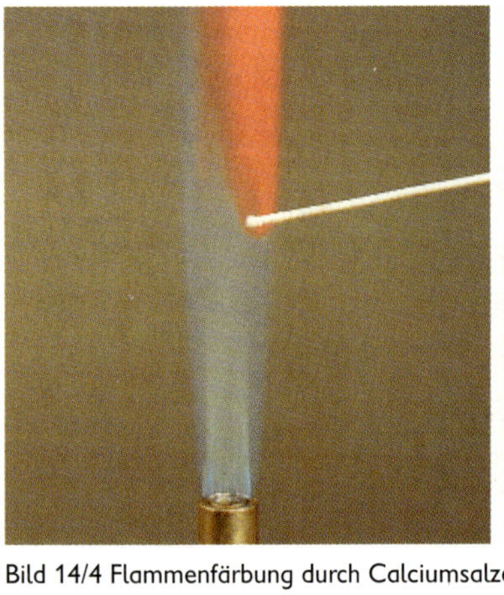

Bild 14/4 Flammenfärbung durch Calciumsalze (links) und durch Natriumsalze (rechts)

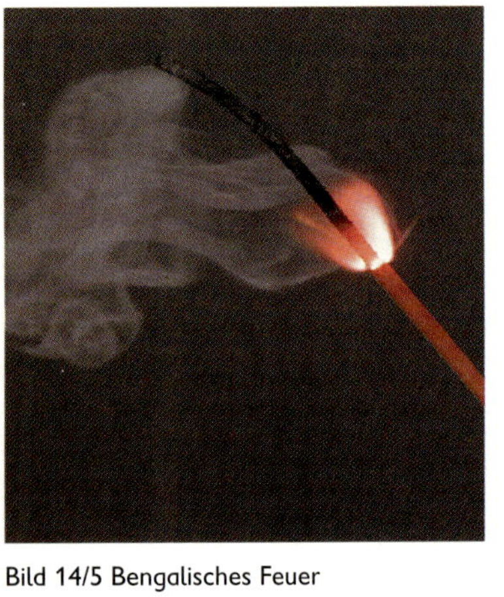

Bild 14/5 Bengalisches Feuer

Die Effekte der Fluoreszenz und Phosphoreszenz werden von Geologen genutzt, um den Verlauf unterirdischer Gewässer zu verfolgen oder nachzuweisen. Ein fluoreszierender Stoff wird einem Gewässer vor dessen Versickern zugesetzt und das wieder austretende Gewässer anschließend auf Fluoreszenzerscheinungen geprüft.

Eine weitere Form der Emission von Licht ist die *Chemolumineszenz* (Bild 15/1). Sie tritt auf, wenn chemische Reaktionen unter Abgabe von Licht verlaufen. Ein Beispiel ist das blaue Leuchten von weißem Phosphor in der Dunkelheit. Es beruht auf einer Oxidation des Phosphors. Die vom Phosphor spurenweise abgegebenen Dämpfe werden vom Sauerstoff der Luft zunächst in Phosphortrioxid und dann unter Lichtabgabe in Phosphorpentaoxid oxidiert.

Das Leuchten des Röhrchens zur Markierung des Schwimmmers einer Angel beruht auch auf Chemolumineszenz (Exp. 21).

Finden chemische Reaktionen in lebenden Organismen statt, die dann ein Leuchten der Organismen bewirken, liegt *Biolumineszenz* vor. Solche Erscheinungen können z. B. bei Leuchtkäfern, bei Fischen, Krebsen, einigen Würmern und Glühwürmchen (Bild 15/2) beobachtet werden. Die Farbe des abgegebenen Lichtes schwankt meist zwischen blau und grün. Auch bei Pflanzen gibt es Biolumineszenz. Sie tritt im wesentlichen bei *Leuchtalgen* und *Leuchtbakterien* (Bild 15/3) sowie bei einigen Pilzen auf. Leuchtbakterien können bei der Abwasserreinigung eingesetzt werden, um den Ablauf der Reinigung in der biologischen Stufe einer Kläranlage genau zu verfolgen. Biolumineszenz ist bei einigen Tierarten auch von Bedeutung für das Erkennen von Artgenossen, das Anlocken des Partners, als Köder beim Nahrungserwerb oder für die zeitweise Erhellung des Gesichtsfeldes bei einigen Fischen. Einige Krebse und Tintenfische können Leuchtwolken ausstoßen, hinter denen sie Schutz vor angreifenden Feinden finden.

15/1 Lichterscheinung durch Chemolumineszenz

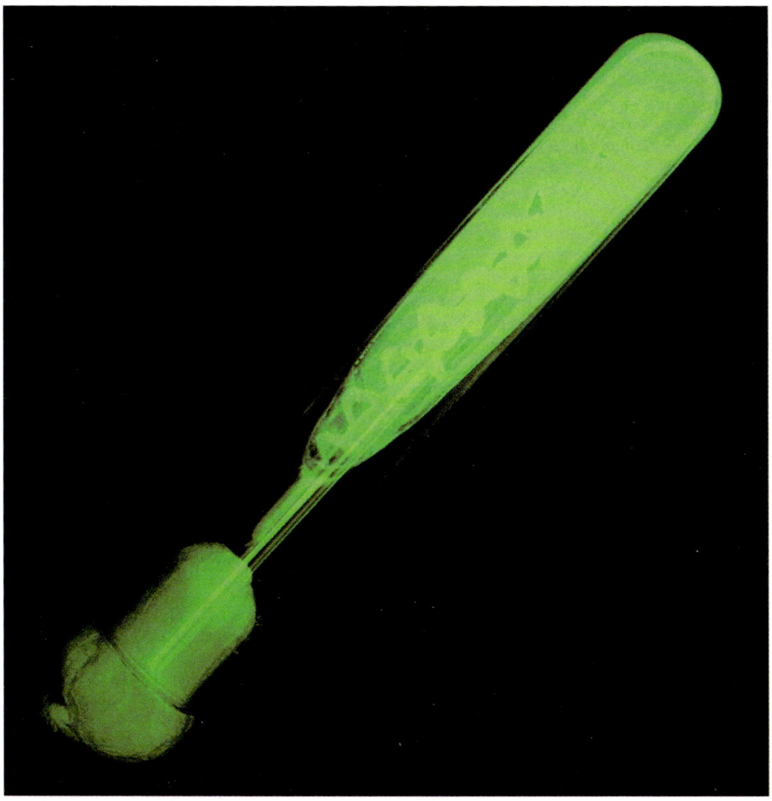

Bild 15/3 Leuchtbakterien

Bild 15/2 Glühwürmchen

2 Farben in der Natur

Viele Tiere und Pflanzen fallen nicht nur durch Größe, Formen und Bau, sondern auch durch ihre prächtigen und leuchtenden Farben auf. Muscheln oder Perlen leuchten verschiedenfarbig. Am Morgen und am Abend zeigt sich der Himmel in einem kräftigen Rot. Ein Regenbogen schillert nach einem Gewitter vielfarbig. Wie kommt es zu dieser Farbenpracht? Welche Bedeutung haben die Farben für Tiere und Pflanzen?

1

Experimente

Wir erkunden Farben

Experiment 1: Beobachten Sie verschiedene Insekten und beschreiben Sie deren Aussehen! Welche Farben treten auf?
Experiment 2: Betrachten Sie Schuppen verschiedener Fische mit bloßem Auge und unter dem Mikroskop! Welche Feststellungen können Sie treffen?
Experiment 3: Betrachten Sie verschiedene Vogelfedern mit bloßem Auge und unter dem Mikroskop! Beschreiben Sie Ihre Beobachtungen!
Experiment 4: Betrachten Sie eine CD (Compactdisc), indem Sie aus verschiedenen Winkeln auf sie blicken! Welche Effekte können Sie feststellen? Vergleichen Sie die Ergebnisse mit denen des Experiments 3!
Experiment 5: Sammeln Sie Muscheln, deren Schaleninnenseiten mit Perlmutt besetzt sind! Betrachten Sie die Muschelinnenseiten bei Lichteinstrahlung aus unterschiedlichem Blickwinkel! Beschreiben Sie Ihre Beobachtungen!
Experiment 6: Stellen Sie Seifenblasen her und betrachten Sie diese bei Lichteinfall aus unterschiedlichen Blickwinkeln! Beschreiben Sie Ihre Beobachtungen! Versuchen Sie Erklärungen für die festgestellten Unterschiede zu finden!
Experiment 7: Betrachten Sie im Zoo oder in einem Zoofachgeschäft weibliche und männliche Tiere verschiedener Tierarten, z. B. Fische (Bild 16/2) oder Vögel! Notieren Sie die Färbungen! Welche Unterschiede konnten Sie feststellen?

2

Wir untersuchen Farben von Pflanzen

Experiment 8: Mikroskopieren Sie ein Moosblättchen eines Laubmooses und fertigen Sie eine farbige Zeichnung an!
Experiment 9: Stellen Sie ein Zupfpräparat vom Fruchtfleisch einer Tomate her! Mikroskopieren Sie und fertigen Sie eine farbige Zeichnung an!
Experiment 10: Stellen Sie ein Abziehpräparat der Epidermis einer roten Küchenzwiebel her und mikroskopieren Sie! Welche farbigen Bereiche der Zelle können Sie feststellen?
Experiment 11: Betrachten Sie Blätter verschiedener Pflanzen, die zu unterschiedlichen Jahreszeiten gesammelt und herbarisiert wurden! Beschreiben Sie die Färbungen der Blätter von gleichen Pflanzen zu unterschiedlichen Jahreszeiten!
Experiment 12: Sammeln Sie Blätter verschiedener Pflanzen im Frühjahr, im Sommer und im Herbst! Fertigen Sie ein Langzeitprotokoll über ein Schuljahr an, indem Sie die Färbungen der Blätter der gleichen Pflanze zu den unterschiedlichen Jahreszeiten beschreiben! Herbarisieren Sie die Blätter!
Experiment 13: Stellen Sie einige mit Wasser gefüllte flache Glasschalen im Garten auf! Legen Sie unter die Schalen unterschiedlich farbige Unterlagen! Ermitteln Sie, welche Farben von welchen Insekten verstärkt angeflogen werden! Werten Sie gemeinsam im Unterricht aus, welche Insektenarten welche Farbe bevorzugen!

Wir ahmen farbige Naturphänomene nach

Experiment 14: Betrachten Sie einen Regenbogen! Malen Sie mit den Farben eines Deckfarbenkastens Ihre Beobachtungen!
Experiment 15: Stellen Sie in einem Garten einen Rasensprenger so auf, dass die Sonne in Ihrem Rücken steht! Nehmen sie den Rasensprenger in Betrieb! Betrachten Sie aus unterschiedlichen Blickwinkeln die Wassertröpfchen, wenn darauf das Sonnenlicht fällt! Welche Beobachtungen können Sie machen?
Experiment 16: Füllen Sie ein Becherglas zur Hälfte mit destilliertem Wasser und durchleuchten Sie es mit einem schmalen Lichtbündel (Diaprojektor)! Geben Sie nun Seifenlösung oder Milch unter Umrühren zu und durchleuchten Sie wiederum! Notieren Sie die Beobachtungen vor und nach der Zugabe von Seifenlösung oder Milch!
Experiment 17: Schalten Sie einen Diaprojektor an! Halten Sie vor den Projektor ein Blatt weißes Papier und betrachten Sie die Farbe des durchscheinenden Lichtes! Führen Sie das Experiment weiter, indem Sie jeweils ein weiteres weißes Blatt zufügen! Welche Veränderungen sind feststellbar? Vergleichen Sie die Ergebnisse mit denen des Experiments 16!
Experiment 18: Wiederholen Sie das Experiment 16, beobachten Sie das Lichtbündel aber von der Seite! Vergleichen Sie die Beobachtungsergebnisse beider Experimente!

Aufgaben

1. Erklären Sie, warum Seifenblasen und eine Compactdisk (Bild 17/1) unter Lichteinfall farbig erscheinen!

1

2. Versuchen Sie zu erklären, warum viele Tiere, die in Höhlen leben, keine Färbungen aufweisen!
3. Welche Bedeutungen kann das Auftreten von Farben bei Tieren haben?
4. Manche Tiere sind durch ihre Körperfarbe genau ihrer Umgebung angepasst, andere erregen durch Farbigkeit die Aufmerksamkeit bestimmter Tiere.
Erklären Sie, warum diese Körperfarben dem Schutz vor Jägern dienen können!
5. Im Tierreich gibt es die sogenannte Mimikry. Erläutern Sie, was unter Mimikry zu verstehen ist! Geben Sie Beispiele für Arten der Mimikry an und nennen Sie Tiere, die andere durch Mimikry täuschen!
6. In welchen Pflanzenteilen kommt Chlorophyll vor? Welche Bedeutung hat Chlorophyll für die Pflanzen?
7. Farbstoffe sind für die Arterhaltung vieler Pflanzen von großer Bedeutung. Erläutern Sie diese Aussage!
8. Nehmen Sie an, ein Blutkörperchen ließe sich auf seinem Weg durch den Organismus verfolgen. Beschreiben Sie diesen Weg und erläutern Sie, wo und wie die Wechselwirkungen zwischen Blut und Sauerstoff bzw. Blut und Kohlenstoffdioxid stattfinden! Erläutern Sie die dabei auftretenden Farbänderungen des Blutes!
9. Nennen Sie Faktoren, die die unterschiedliche Hautfarbe von Menschen einer Rasse bedingen!
10. Erläutern Sie, warum man sich nicht längere Zeit ungeschützt sonnen sollte!
Geben Sie Möglichkeiten des Schutzes vor Sonneneinstrahlung an!
11. Beschreiben Sie, wie es zu einem Regenbogen kommt und nennen Sie eine Möglichkeit, selbst einen Regenbogen zu erzeugen!

Farben zur Tarnung. *Tarnfarben* können in zweierlei Hinsicht von Bedeutung sein. Zum einen dienen sie zum Schutz der Beutetiere vor Feinden, zum anderen verbergen sich aber auch die Jäger mit ihren Tarnfarben vor den Beutetieren. Bei Tarnfärbungen überwiegen meist ein bis zwei Farben gegenüber ebenfalls vorhandenen anderen Farben. In unseren heimischen Wiesen-, Feld- und Waldgebieten sind das braune, graue und grüne Farbtöne, z. B. bei Rehen, Hirschen, Wildschweinen, Hasen und Kaninchen, aber auch bei Lurchen und Echsen. In Wüstengebieten überwiegen gelbe bis braune Farbtöne, z. B. bei Löwen, Kamelen, Antilopen oder Wüstenfüchsen. In Schnee- und Eisgebieten dominiert Weiß, z. B. bei Schneeeule oder Eisbär. Leuchtendes Grün findet man fast nur in reinen Waldgebieten, besonders in tropischen Regenwäldern, z. B. bei Papageien und Schlangen. Bis auf wenige Ausnahmen werden nur in der Welt der Korallenriffe viele verschiedene prachtvoll bunt gefärbte Tiere angetroffen.

Bild 20/1 Schneeeule

Einige Tiere haben Mechanismen der Anpassung ihrer Körperfarbe an die Jahreszeiten entwickelt. Ausgehend von Sonnenscheindauer und Umgebungstemperatur haben im Winter z. B. Schneehuhn, Schneehase, Schneeeule (Bild 20/1), Hermelin und Eisfuchs ein weißes Federkleid bzw. Fell, im Sommer dagegen ein der Umgebung farblich angepasstes.

Verschiedene Tierarten haben die Fähigkeit, ihre Körperfarben zu ändern. So können Schollen, Krabbenspinnen, Flundern, Tintenfische, Krebse und Garnelen sehr schnell andere Färbungen und selbst Musterungen annehmen, wenn sich die Färbung und Struktur ihres Lebensraumes ändern. Auch das Chamäleon passt sich farblich sehr schnell einer neuen Umgebung an (Bild 20/2). In allen Fällen wird, durch Nerventätigkeit gesteuert oder durch Hormone ausgelöst, die Anordnung der Pigmente in den Zellen verändert. Erfolgt z. B. eine Anhäufung der Pigmente an bestimmten Punkten der Zellen, erscheint die Färbung heller. Werden die Pigmente in den Zellen verteilt, wirkt die Färbung dunkler.

Es gibt bei Tieren aber auch Farbänderungen, die lebenslang erhalten bleiben oder erst nach sehr langer Zeit wieder verschwinden. Hier liegt die Ursache nicht in der Verteilung von Pigmenten, sondern in einem verstärkten Abbau oder einer verstärkten Neubildung von Pigmenten. Solche Farbänderung kann bei *Farbanpassungen* von Schmetterlingslarven an den Untergrund beobachtet werden.

Bild 20/2 Chamäleon bei der Anpassung an die Umgebung

Farben zur Warnung. Viele Tiere haben ein auffallend farbiges Äußeres. Diese Farbgebung soll "warnen", sie signalisiert Giftigkeit, Ungenießbarkeit oder Aggressivität. Nach ersten schlechten Erfahrungen, die die Jäger mit den Trägern der *Warnfarben* – den Beutetieren – gemacht haben, genießen so auffällig gefärbte Tiere einen gewissen Schutz. Sehr auffällig bunt gefärbt sind z. B. die sehr giftigen Korallenschlangen, bestimmte Salamanderarten sowie die Pfeilgiftfrösche der tropischen Regenwälder Südamerikas, die ein tödliches Gift produzieren, das von den Indianern als Pfeilgift verwendet wird. Gelb auf schwarzem Grund ist der mitteleuropäische Feuersalamander gefärbt (Bild 20/3).

Bild 20/3 Feuersalamander

Er verfügt über ein wirksames Gift ebenso wie der Schlammsalamander, der bei Beunruhigung eine leuchtend rote Unterseite zeigt, oder die Gelbbauch- und die Rotbauchunke. Ebenfalls giftig sind bestimmte Schmetterlingsarten wie das Widderchen, das rote Warnpunkte auf samtig schwarzen Flügeln hat. Auffällig durch den gelbschwarzen Hinterleib signalisieren auch Wespen und Hornissen, dass sie aggressiv sein können und neben dem giftigen Stich, dem sie einem Angreifer zufügen können, auch noch widerlich schmecken. Feuerwanzen und Marienkäfer weisen ebenfalls deutlich sichtbar auf ihre Ungenießbarkeit hin. Und selbst das schwarzweiß gefärbte Stinktier signalisiert dem "erfahrenen" Raubtier: "Achtung, stark stinkend" (Bild 21/1)!

Bild 21/1 Stinktier

Farben zur Täuschung. Warnfärbungen kommen auch bei Tieren vor, die eigentlich für einen Angreifer völlig ungefährlich sind. Solch eine Nachahmung bezeichnen Wissenschaftler als *Mimikry*. Sie kann dem Beutetier als Schutz vor Raubfeinden dienen, indem wehrhafte, aggressive, giftige oder ungenießbare Tiere nachgeahmt werden (Tabelle). Sie kann aber auch umgekehrt einem Räuber zum Anlocken von Beutetieren dienen.
Eine besondere Art der Täuschung durch Farben dient dem Erschrecken oder Irritieren eines Angreifers durch kräftig gefärbte Augenflecken, die erst bei unmittelbarer Bedrohung gezeigt werden. Solche farbigen Augenflecken befinden sich z. B. an den Flügeln der Tag- und Nachtpfauenaugen und am Hinterteil bestimmter südamerikanischer Kröten.

Farbtäuschungen im Tierreich

Nachgeahmte Tiere	Nachahmende Tiere
Wespen (Bild 21/2)	Schwebfliegen (Bild 21/2), einige Bockkäfer
Bienen	Schlammfliegen
Hornissen	Hornissenschwärmer
Monarch (Schmetterling)	Vizekönig (Schmetterling)
Ameisen	Ameisenspinnen
Waldsalamander	Bergsalamander
echte Korallenschlangen	Trugnattern, Milchschlangen
Seeschlangen	einige Aale des pazifischen Ozeans
Muränen	Mirakelfisch

Bild 21/2 Wespe (oben), Schwebfliege (unten)

Farben zur Regelung sozialen Zusammenlebens. Farben sind auch für das Sozialleben im Tierreich bedeutsam. Sie dienen dem Anlocken und Finden von Sexualpartnern. So werden weibliche Tiere häufig durch besonders auffällige und farbige Prachtkleider der Männchen (Schmuckkleid, Balzkleid, Brutkleid) angelockt (Bild 21/3). Das ist so bei Vogelarten, z. B. Pfau, Paradiesvogel, bei Fischen (Exp. 7) und vielen anderen Tierarten. Weiterhin dienen Farben der Regulierung der Beziehungen in Tierfamilien oder Gruppen. So weisen häufig rangplatzhöhere Tiere prächtigere Färbungen als rangplatzniedere Tiere auf. Auch das Zusammenleben von Elterntieren und ihren Jungen kann durch *Farbsignale* geregelt sein. Die Färbung der Vogeleier dient der Tarnung, aber auch der Abgrenzung von anderen Arten und damit dem Wiederfinden. Altvögel und Jungvögel haben bestimmte Farbsignale, die den Fütterungsreflex auslösen können. Silbermöwen haben z. B. einen roten Fleck am Unterschnabel. Diesen picken die Jungtiere an, um die Eltern zum Auswürgen der Nahrung zu veranlassen. Jungfische prägen sich die Färbung ihrer Eltern ein und schwimmen ihnen nach. Bringt man eine gleichgefärbte Attrappe in das Wasser, folgen sie dieser. Farben dienen dem Erkennen von Artgenossen sowie dem Unterscheiden der Geschlechter (Exp. 7). Außerdem zeigen sie bei vielen Tierarten Stimmungen an.

Bild 21/3 Fasanenhenne (links), Fasanenhahn (rechts)

Pflanzen – Farbtupfer der Natur

Farben im Stoffwechsel der Pflanzen. Die Hauptfarbe im Pflanzenreich ist Grün (Bild 22/2). Ursache dafür ist der grüne Blattfarbstoff *Chlorophyll*, der wie andere Farbstoffe in bestimmten Farbstoffkörpern enthalten ist. Chlorophylle (grün), *Carotinoide* (gelb bis rot) und *Xanthophylle* (gelb) befinden sich in den *Chloroplasten* (Exp. 8 und 9). Diese Farbstoffe bilden ein Farbstoffsystem, das für die *Photosynthese* der Pflanzen von großer Bedeutung ist. Alle Pflanzen, die durch Photosynthese aus Kohlenstoffdioxid und Wasser unter Lichtzufuhr energiereiche organische Stoffe aufbauen, benötigen dazu den grünen Blattfarbstoff. Im Frühjahr und im Sommer überlagert das Grün des Chlorophylls andere Farbstoffe, z. B. *Anthocyane* (rot) und deren Abkömmlinge, die sich gelöst im Zellsaft der Vakuolen befinden (Exp. 10). Im Herbst erfolgt teilweise der Abbau von Chlorophyll zu braunen Farbstoffen. Da nun im Blatt die gelben bis roten Blattfarbstoffe und die braunen Abbauprodukte nicht mehr vom Grün überlagert werden, zeigen die Blätter bunte Herbstfärbungen (Exp. 11 und 12; Bild 22/1). Bei manchen Laubbäumen, so bei der Blutbuche, überdecken die roten Anthocyanfarbstoffe das Chlorophyll. Deshalb hat die Blutbuche keine grünen, sondern rot gefärbte Blätter.

Bild 22/1 Herbstfarben von Bäumen

Bild 22/2 Grün als Hauptfarbe im Pflanzenreich

Farben zur Bestäubung. Zur Fortpflanzung der Samenpflanzen ist es erforderlich, dass in Pollenkernen eingeschlossene männliche Samenzellen zu den räumlich von ihnen getrennt angeordneten weiblichen Eizellen gelangen. Überträger des Pollens können u. a. Wind, Wasser und Tiere sein, z. B. Bienen, Wespen, Mücken, Fliegen und Schmetterlinge sowie besonders in tropischen Gebieten Vögel. Sollen die Pollen zu Blüten derselben Art transportiert werden, muss der Überträger diese Blüten erkennen und von anderen unterscheiden können. Pflanzen bilden drei typische Erkennungsmerkmale aus: die *Blütenfarbe*, die Blütenform und den Blütenduft.

So erkennen Bienen sehr schnell, dass das Gelb der Rapsblüten ein Signal für ergiebige Ausbeute an Nektar ist (Exp. 13). Dieses Signal können sie anderen Artgenossen mitteilen, die nun im Zusammenhang mit der Nektaraufnahme die Pollenkörner übertragen. Blüten, die von Vögeln, z. B. Kolibris (Bild 22/3), bestäubt werden, sind sehr kräftig gefärbt. Da die Vögel bei diesen Blüten immer Nektar finden, prägen sie sich die Farben ein und fliegen immer wieder diese oder ähnliche Pflanzen an. Bei der Nektaraufnahme erfolgt dann die Bestäubung.

Bild 22/3 Kolibri bei der Nektaraufnahme

Bemerkenswert ist, dass Blüten, die von Vögeln bestäubt werden, viel Nektar enthalten. Blüten, die von Insekten bestäubt werden, dagegen weniger. Bei der Bestäubung von Pflanzen durch Tiere handelt es sich in vielen Fällen um eine *Symbiose*, ein Verhältnis von Tier und Pflanze zum gegenseitigen Vorteil.

Farben zur Verbreitung von Früchten und Samen. Viele Pflanzenarten werden durch Früchte und Samen verbreitet. Dabei spielen wiederum Tiere eine wichtige Rolle. Grüne Früchte werden bei der Reife farbig. Das erfolgt durch die Umwandlung von Chloroplasten in *Chromoplasten*. Diese farbigen Früchte sind Signale zum Anlocken von Tieren, denen sie als Nahrung dienen. Die nicht verdauten Samen, die sich im Inneren der Früchte befinden, werden an anderen Orten ausgeschieden. Eine Verbreitung der Pflanzenart ist damit gesichert.

Farben zur Täuschung. Auch bei Pflanzen gibt es Täuschungen durch Farben und Formen, die sogenannte *Pflanzenmimikry*. Der Frauenschuh (Bild 23/1) hat z. B. eine auffallend schöne Blüte mit leuchtend gelbem Blütenblatt, was normalerweise das Vorhandensein von Nektar signalisiert. Insekten werden durch die Farben und den Duft angelockt und fallen in den Blütenkessel. Wenn sie den Kessel verlassen wollen, streifen sie den klebrigen Pollen und transportieren ihn zu einer anderen Blüte. Hier werden sie wiederum getäuscht, fallen in den Kessel und übertragen nun den Pollen auf die klebrige Narbe. Die Orchidee wird so bestäubt, das Insekt dagegen hat keinen Nektar erhalten. Auch bei bestimmten Insekten fressenden Pflanzen täuschen attraktive Formen und Farben von Blüten das Vorhandensein von Nektar vor. Auf diese Weise werden Insekten angelockt. Statt aber Nektar zu erhalten, gelangen sie in eine Falle, aus der sie nicht mehr entrinnen können. Beispiele dafür sind die Kannenpflanzen und der Sonnentau.

Bild 23/1 Frauenschuhblüte

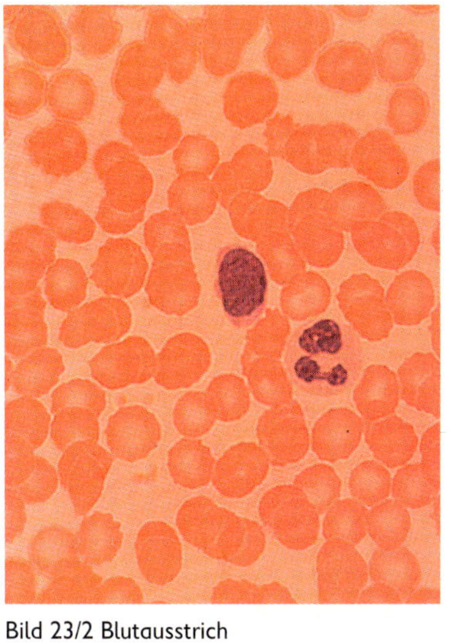

Bild 23/2 Blutausstrich
(1 000fache Vergrößerung)

Von rotem Blut und weißen Haaren

Blutfarbstoff Hämoglobin. Lebenswichtig für die Versorgung aller Organe des menschlichen Körpers mit Sauerstoff ist das Blut, welches u.a. die roten Blutkörperchen enthält (Bild 23/2 und 23/3). Mit Hilfe der roten Blutkörperchen erfolgt der Transport des Sauerstoffs und die geregelte Aufnahme bzw. Abgabe von Kohlenstoffdioxid. Die Farbe des Blutes wird durch das *Hämoglobin* verursacht. Dieser eisenhaltige Blutfarbstoff ist in den *roten Blutkörperchen* enthalten. Hämoglobin ist aus einer Eiweißkomponente und dem Farbstoff Häm zusammengesetzt.
Betrachtet man ein einzelnes rotes Blutkörperchen unter dem Mikroskop, erscheint es gelbgrün gefärbt. Erst viele Zellen übereinander in dicken Schichten ergeben die typische Rotfärbung des Blutes. An der Farbe des Blutes kann man sauerstoffreiches, arterielles Blut und Blut nach Sauerstoffabgabe, venöses Blut, unterscheiden. Arterielles Blut ist hellrot, venöses dagegen dunkelrot gefärbt. Sind zu wenig rote Blutkörperchen vorhanden oder ist der Anteil an Hämoglobin in diesen zu gering, spricht man von Blutarmut (Anämie). Diese schwere Krankheit führt zu Ermüdbarkeit, Beklemmungen, Atemnot und Herzklopfen.

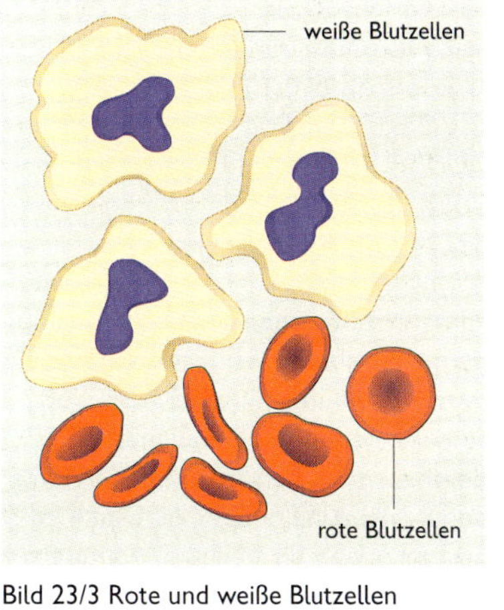

Bild 23/3 Rote und weiße Blutzellen

Farbpigmente. Farbpigmente haben im menschlichen Körper zweierlei Bedeutung. Zum einen befinden sich farbempfindliche Sehpigmente (Rhodopsine, ↗ S. 9) in den Zapfen des Auges. Sie ermöglichen das Farbsehen des Menschen. Zum anderen sind Farbpigmente, die Melanine, in bestimmten Zellen der menschlichen Haut vorhanden. Diese Zellen können *Melanin* durch zahlreiche Zellfortsätze in die Oberhaut oder in die Rindenschicht der Haare abgeben. Durch diese Pigmentierung schützt die Oberhaut in gewissem Maße das darunter liegende

Bindegewebe vor Strahlenschäden, z. B. durch UV-Strahlen des Sonnenlichtes. Auch die *Haarfarbe* wird wesentlich vom Anteil an Melanin bestimmt. Mit zunehmendem Alter wird die Bildung von Melanin in den Haaren verlangsamt bzw. kommt ganz zum Erliegen. Außerdem werden in den Haaren feinste Luftbläschen eingeschlossen. Die Pigmentarmut und die Luftbläschen bewirken das Ergrauen oder Weißwerden der Haare bei älteren Menschen.
Die unterschiedliche *Hautfarbe* von Menschen der gleichen *Menschenrasse* wird von mehreren Faktoren bestimmt. Das sind z. B. unterschiedliche Anteile an venösem und arteriellem Blut sowie an Carotin und Melanin.
Die unterschiedliche Hautfarbe der Menschen der verschiedenen Rassen dagegen wird nur vom unterschiedlichen Anteil an Melanin bestimmt (Bild 24/1).

Europider Rassenkreis:
Tendenz zu Farbaufhellung von Haut und Augen, Neigung zu stärkerer Körperbehaarung, reliefreiches Gesicht mit hoher schmaler Nase, Schlankwüchsigkeit, schlichtes bis eng welliges Haar.

Negrider Rassenkreis:
Starke Pigmentierung von Haut, Haaren und Augen, relativ breite Nase, dicke Lippen, krauses bis spiraliges Kopfhaar.

Mongolider Rassenkreis: Gelbton der Haut, untersetzter Körperbau mit langem Rumpf, flaches Mittelgesicht mit niedriger Nasenwurzel, Nasenlidfalte, straffes schwarzes Haar, geringe Körperbehaarung.

Bild 24/1 Menschenrassen

Pigmentstörungen. Durch Störungen oder Änderungen von Stoffwechselvorgängen während der Schwangerschaft oder in zunehmendem Alter, aber auch durch Umwelteinflüsse, z. B. zu hohe Anteile an UV-Licht beim Sonnen, können Änderungen in der Pigmentierung der Haut auftreten.
Beim allmählichen Bräunen der Haut wird ein Schutz vor Sonneneinstrahlung durch Melanine aufgebaut. Durch zu starkes Sonnen können aber auch schwere Erkrankungen bis hin zum Hautkrebs hervorgerufen werden. Sonnenbrand kann dafür der Beginn sein.

Vom Regenbogen zum Himmelsblau

Regenbogen. Seit Menschengedenken beobachten die Menschen den Regenbogen, einen bunten Halbkreis am Himmel (Bild 25/1). Sie sahen in ihm eine Brücke zum Himmel oder aber schlussfolgerten aus seinem Erscheinen, dass sich das Wetter bessern würde. Auch heute noch erfreut man sich an diesem Naturschauspiel bunter Farben. Damit ein Regenbogen gesehen werden kann, müssen bestimmte Bedingungen erfüllt sein. Die Sonne muss tief stehen, wie es vormittags oder am späten Nachmittag der Fall ist. Der Beobachter muss die Sonne im Rücken haben. Und schließlich müssen durch Regen oder Nebel kleine Wassertröpfchen am Himmel vorhanden sein.
Wie aber entstehen die prächtigen Farben? Weißes Licht der Sonne fällt auf eine Regenwand. Sonnenstrahlen, die ein Wassertröpfchen an einer bestimmten Stelle treffen, werden beim Eintritt in den Tropfen gebrochen. Anschließend werden sie innerhalb des Tropfens reflektiert und beim Austritt wiederum gebrochen. Durch die mehrfache *Brechung* und Reflexion wird das weiße *Sonnenlicht* in die Spektralfarben aufgefächert. Das Auge des Beobachters nimmt aber stets nur einen Teil des aus dem Tropfen kommenden Lichtes auf. Alle Lichtstrahlen, die das Auge des Beobachters treffen und dabei denselben Winkel mit der Richtung der Sonnenstrahlen bilden, liegen auf dem Mantel eines Kegels, der seine gedachte Spitze im Auge hat. Deshalb sieht man die jeweils in gleicher Farbe leuchtenden Regentropfen in einem Kreisbogen. Insgesamt wird für den Betrachter ein prächtiges Farbband sichtbar. Manchmal gibt es über dem lichtstärkeren Regenbogen, dem Hauptregenbogen, noch einen zweiten, etwas lichtschwächeren, den Nebenregenbogen. Beim Hauptregenbogen erscheint der äußerste Farbring rot, der innerste violett. Beim Nebenregenbogen ist die Farbfolge umgekehrt (Exp. 14; Bild 25/2 und 25/3). Der Regenbogen ist keine an einem bestimmten Ort feststehende Erscheinung. Ist bei Sonnenschein ein Rasensprenger in Betrieb, der das Wasser in feinste Tröpfchen zerstäubt, kann, wenn die genannten Bedingungen gegeben sind, auch ein Regenbogen beobachtet werden (Exp. 15).

Morgenrot – Abendrot. Betrachtet man den Himmel am Morgen *(Sonnenaufgang)* und am Abend *(Sonnenuntergang)* stellt man fest, dass er eine rötliche Farbe annimmt. Diese Erscheinung ist zu beobachten, wenn sich die Sonne tief am Horizont befindet. Das Licht muss durch sehr dichte, trübe Luftschichten, die mit Staub angereichert sind. Dadurch erscheint es dunkler und nimmt verschiedene Farbnuancen von Gelb über Orange bis Dunkelrot an. Dieser Effekt lässt sich demonstrieren, wenn man das Licht einer Lampe durch ein mit Wasser gefülltes Glas betrachtet. Es erscheint hell. Wird etwas Seifenlösung (oder Milch) unter Umrühren in das Wasser gegeben, erscheint das durchfallende Licht rötlich (Exp. 16). Der Effekt lässt sich auch modellieren, indem weißes Papier nacheinander in mehreren Lagen vor die Lampe eines Diaprojektors gebracht wird (Exp. 17).

Himmelsblau. Ist die Luft sehr klar und der Himmel kaum wolkig, erscheint er uns blau. Im Hochgebirge, wo die Luft klarer, "dünner" wird, ist das Blau deutlich kräftiger. Durch Kosmonauten und Astronauten wissen wir, dass mit zunehmender Entfernung von der Erde das Blau intensiver wird und allmählich über Türkis zum Schwarz übergeht. Das kann durch ein Flugzeugfenster beobachtet werden, wenn man nach oben blickt. Obwohl die Lufthülle nur seitlich von der Sonne beleuchtet wird, erscheint der ganze Himmel hell. Das liegt an der Streuung des Sonnenlichts durch die Teilchen der Luft. Das blaue Licht wird bei steilem Sonneneinfall am stärksten gestreut. Auch dieser Effekt lässt sich nachahmen. Durch ein mit Wasser gefülltes Glas wird mit einer Taschenlampe geleuchtet und der Lichtstrahl von der Seite betrachtet. Rührt man nun etwas Seifenlösung oder Milch ein, kann eine blaue Farberscheinung wahrgenommen werden (Exp. 18).

Bild 25/1 Regenbogen

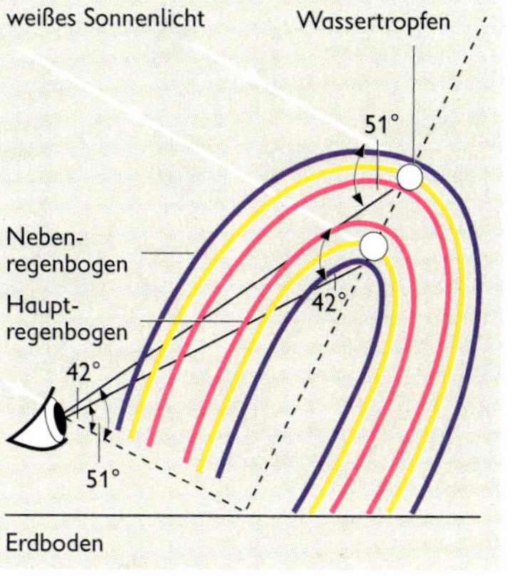

Bild 25/2 Alle Regentropfen, die der Beobachter unter demselben Winkel sieht, liegen auf einem Kreisbogen.

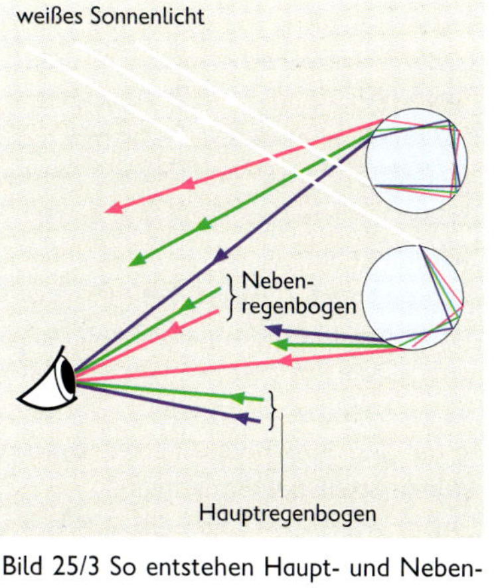

Bild 25/3 So entstehen Haupt- und Nebenregenbogen.

3 Farben im Alltag

Farbgebung ist überall: Farbgebung an Arbeitsplätzen und in Wohnbereichen, Farbgebung zur Steuerung von technischen Abläufen, Farbgebung in der Kunst, Farbgebung in allen Bereichen menschlichen Lebens.
Die farbige Gestaltung der Umwelt beschäftigt den Menschen seit Jahrtausenden. Farbe ist im Leben unentbehrlich.

1

Experimente

Wirkung von Farben auf den Menschen

Experiment 1: Malen Sie mit Farben aus dem Deckfarbkasten einen Farbstreifen mit drei Farbabschnitten auf Papier: Abschnitt 1 Gelb, Abschnitt 2 Orange, Abschnitt 3 Rot (Sie können diesen Farbstreifen auch mit Buntpapier der genannten Farben aufkleben.)! Betrachten Sie das Orange an der Grenze zum Gelb und an der Grenze zum Rot! Was fällt Ihnen auf?
Experiment 2: Malen Sie mit Deckfarben ein Blatt Papier hellgelb, ein zweites dunkelblau! Fertigen Sie sich einen langen grünen Papierstreifen an, zerschneiden Sie ihn und legen Sie eine Hälfte des Streifens auf das gelbe, die andere Hälfte auf das dunkelblaue Papier! Beschreiben Sie, wie Sie den grünen Streifen wahrnehmen!
Experiment 3: Malen Sie mit Farben aus dem Deckfarbkasten jeweils auf gesonderte Blätter folgende Farbkombinationen:
Gelb – Orangerot, Gelb – Gelbgrün, Gelb – Blaugrün, Gelb – Schwarz, Gelb – Weiß; Rot – Violett, Rot – Blau, Rot – Grün, Rot – Weiß, Rot – Schwarz; Blau – Orange, Blau – Grün, Blau – Schwarz, Blau – Weiß; Grün – Orange, Grün – Violett, Grün – Schwarz, Grün – Weiß!
Betrachten Sie die Kombinationen und schreiben Sie auf, welche Wirkungen sie auf Sie ausüben!
Experiment 4: Malen Sie mit Deckfarben Farbenpaare, bei denen sich gegenüberstehen: a) warm – kalt, b) nah – fern, c) leicht – schwer !
Experiment 5: Nehmen Sie folgende Farben aus dem Deckfarbkasten oder stellen Sie sich diese durch Mischen her: Rot, Gelb, Blau, Schwarz, Weiß; Orange, Grün, Violett, mittleres Grau; Dunkelbraun, Ocker; Hellgrün, Hellrot, Hellblau; Dunkelgrün, Dunkelrot, Dunkelblau!
Streichen Sie alle Farben in dicken Strichen auf einen Bogen! Nummerieren Sie die Farben, beginnend mit Ihrer Lieblingsfarbe, endend mit der Farbe, die Sie am wenigsten mögen!

Suchen Sie nach Begründungen für Ihre Wahl!
Streichen Sie die Farben entsprechend der Reihenfolge Ihrer Lieblingsfarben auf ein weiteres Blatt Papier! Prüfen Sie, ob Ihre Reihenfolge noch stimmt!
Streichen Sie jeweils Farbenpaare auf weitere Blätter, bei denen sich gegenüberstehen: warm – kalt (Bild 27/1); fröhlich (heiter) – düster (traurig)!

1

Experiment 6: Färben Sie hygienisch einwandfreie Lebensmittel, z. B. Reis, Nudeln, Pudding, Rührei, mit Lebensmittelfarben ein, z. B. Rot, Grün, Blau, Schwarz! Geben Sie jeweils eine kleine Kostprobe Ihren Mitschülern und erfragen Sie, welche der Proben auf Ablehnung stießen oder mit Widerwillen gegessen wurden und welche der Proben am besten/am schlechtesten geschmeckt haben! Erfassen Sie die Gründe!
Experiment 7: Leuchten Sie Speisen, z. B. Wurst, Salat, Eis, mit verschiedenfarbigem Licht, z. B. Rot, Blau, Grün, Gelb und Violett an! Ermitteln Sie die für Sie sichtbare Farbe der Lebensmittel! Geben Sie an, bei welcher Farbe Ihnen diese Lebensmittel schmecken würden!

Wir gestalten Räume farbig

Experiment 8: Schneiden Sie aus blauem, rotem und gelbem Karton gleich große Quadrate aus und legen sie diese jeweils auf einen gleich großen grauen Untergrund! Ermitteln Sie a) das auffälligste Quadrat, b) das scheinbar größte Quadrat, c) das weniger auffallende und d) das scheinbar kleinste Quadrat!
Experiment 9: Fertigen Sie sich schematische Darstellungungen von Räumen an. Bemalen Sie diese mit Farbkombinationen, sodass folgende Raumwirkungen entstehen: a) die Raumdecke soll niedriger erscheinen (Bild 27/2), b) der Raum soll höher wirken (Bild 27/3), c) die Rückwand soll den Raum offen und weit erscheinen lassen!

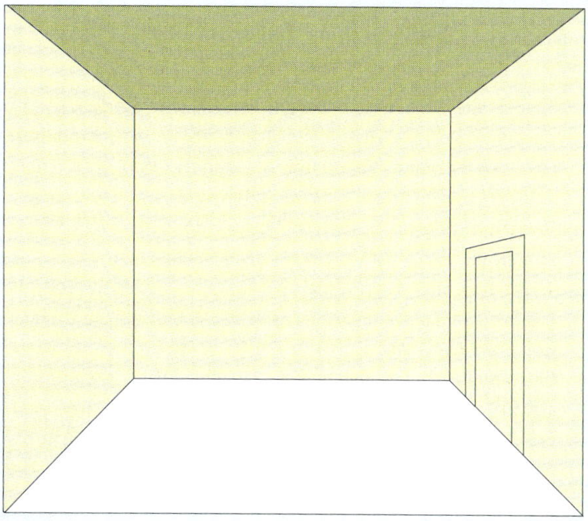

2

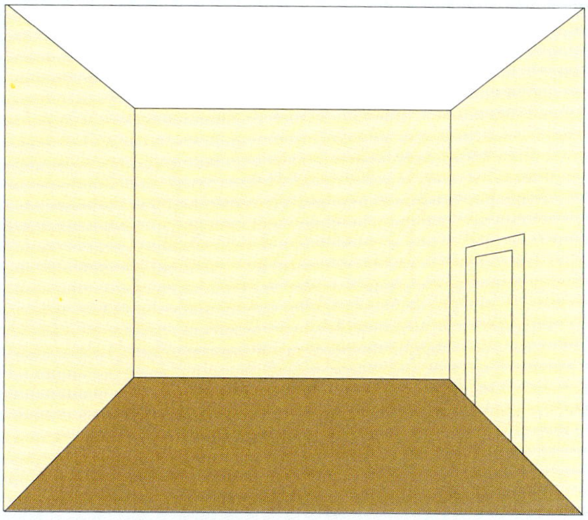

3

Wir schminken uns richtig

Experiment 10: Treten Sie an einen Spiegel heran, binden Sie die Haare aus dem Gesicht und zeichnen Sie mit einem Faserschreiber Ihre Gesichtsform auf dem Spiegel exakt nach! Legen Sie auf den Spiegel ein durchsichtiges Papier und übernehmen Sie die Zeichnung! Stellen Sie anhand der so gewonnenen Schablone fest, welche Gesichtsform Sie haben!
Experiment 11: Fertigen Sie aus der Schablone (Exp. 10) mit hellem, dickem Papier einige Gesichtsmasken an und führen Sie an diesen Masken verschiedene Schminkversuche durch! Stellen Sie fest, wie die Farben Ihre Gesichtsform verändern können!
Halten Sie die einzelnen Veränderungen auf Fotos fest!
Experiment 12: Schminken Sie Ihr Gesicht so, dass es zu den nachfolgend angegebenen Anlässen passend erscheint: a) Besuch des Unterrichts, b) Theaterbesuch, c) Discobesuch, d) Wanderung!

Aufgaben

1. Tragen Sie tabellarisch zusammen, welche Bedeutungen Farben in verschiedenen Kulturkreisen, in verschiedenen Ländern besitzen! Versuchen Sie anhand von einer oder zwei Farben Länder zu vergleichen und Änderungen der Bedeutung dieser Farben im Verlauf der Geschichte festzustellen!
2. Tragen Sie aus dem Alltag symbolische Bedeutungen für die Farben Rot und Grün zusammen! Geben Sie jeweils Beispiele dafür an!
3 Überlegen Sie, welche Farben Sie beruhigen, welche Sie an(auf)regen, welche Sie beunruhigen!
4. Fertigen Sie sich einen tabellarischen Fragenkatalog an und beantworten Sie die Fragen:
   a) Welche Farben trage ich am liebsten, welche überhaupt nie?
   b) Welche Farben bevorzuge ich in meinem Zimmer, welche lehne ich ab?
   c) In welcher Farbe wähle ich meine Gebrauchsgegenstände, z. B. Fahrrad, Schultasche bzw. Rucksack, Reisetasche, Schreibgeräte usw.?
   Versuchen Sie, für Ihre Wahl Begründungen anzugeben!
5. Sammeln Sie aus Zeitschriften Werbeanzeigen für Autos, Hifi-Geräte, Modeartikel, Kosmetika, Arzneimittel, Tabakwaren, alkoholische und alkoholfreie Getränke, Schokolade und Süßwaren!
   a) Stellen Sie fest, welche Farben in welcher Häufigkeit bei den einzelnen Produkttypen eingesetzt wurden! Fertigen Sie dazu eine Rangfolge der verwendeten Farben für jeden Produkttyp und eine Gesamtrangfolge an! Stellen Sie die Rangfolge grafisch dar!
   b) Überlegen Sie, welche der Farben welche Botschaft vermitteln soll (siehe auch Bild 28/1)!
   c) Geben Sie an, welche Farben Sie bei der Werbung für diese Produkte bevorzugen würden! Versuchen Sie, dafür Gründe zu finden!
6. Überlegen Sie, welche Bedeutung Rottöne im Gesicht eines Models aus einer Werbung für Kosmetik und in der Bemalung eines indianischen Kriegers haben!
7. Gestalten Sie selbst farbige Werbungen für bestimmte Produkte! Vergleichen Sie die Farbenwahl bei Ihrem Werbeplakat mit der Farbenwahl Ihrer Mitschüler bei Werbeplakaten zum gleichen Inhalt!
8. Gestalten Sie ein Werbeplakat, mit dem für die Bearbeitung des Projektes "Farben" in Ihrem Kurs geworben werden soll!
9. Untersuchen Sie die räumliche Wirkung von Farben, indem Sie jeweils zwei verschiedene Farbfelder ineinander und nebeneinander malen!
10. Wählen Sie für die Räume einer Wohnung (Wohnzimmer, Schlafzimmer, Küche und Flur) die dominierenden Farben und begründen Sie Ihre Wahl!
11. Unterbreiten Sie Vorschläge für die farbliche Gestaltung Ihres Klassenzimmers, eines bestimmten Fachraumes, des Schulflures!
12. Stellen Sie fest, welche farbliche Gestaltung die von Ihnen besuchten Räume haben (Disco, Kino, Theater, Museum, Sparkasse, Supermarkt)! Hat Ihnen die farbliche Gestaltung gefallen oder eher nicht gefallen? Versuchen Sie das zu begründen!
13. Sammeln Sie Beispiele für die Anwendung von Farben zur Regelung des Zusammenlebens der Menschen! Stellen Sie fest, welche Bedeutung dabei die verwendeten Farben haben!
14. Welche Farben dienen in Ihrer Schule sowie im Chemieraum bzw. Physikraum Ihrer Schule der Orientierung und Sicherheit? Prüfen Sie, ob alles exakt und vollständig gekennzeichnet ist!
15. Sehen Sie sich die Rohrleitungssysteme im Keller Ihrer Schule und Ihres Wohnhauses an! Welche Farben wurden zum Kennzeichnen von Wasser- und Gasleitungen verwendet?
16. Fertigen Sie aus Papier Schablonen von Gesichtern an und schminken Sie diese für verschiedene Situationen (Schule, Freizeit, Disco; ↗ Exp. 11 und 12)!
17. Überlegen Sie, welche Bedeutung Schminken für Sie besitzt!
18. Überlegen Sie, ob und welche Schminkregeln Sie beachten!
19. Schminken Sie Ihr Gesicht so, dass es aus einem bestimmten Blickwinkel mit einem von Ihnen gewählten Hintergrund verschmilzt!
20. Welche unterschiedlichen und gemeinsamen Merkmale stellen Sie bei Jugendlichen Ihres Umfeldes in Bezug auf Kleidung, Schminken, Frisur und Haarfarbe fest?

1

Farben und ihre Bedeutung für die Menschen

Farben spielen seit jeher im Leben der Menschen eine bedeutende Rolle. Farben haben Einfluss auf die Psyche und das Wohlbefinden der Menschen, sie sind Schmuckattribute und kennzeichnen Rangordnungen. Farben sind Signale. Farben haben Symbolcharakter und sind in verschiedenen Religionen und Kulturkreisen sehr wichtig. Je nach Kulturkreis und Religion haben sie sehr unterschiedliche, ja teilweise gegensätzliche Bedeutungen.

Bild 29/1 Roter Talar eines Kardinals

Die Farbe Rot. Rot stellte man sich die Götter in vorchristlicher Zeit vor. Blitze entstanden, wenn der Feuergott in seinen roten Bart blies; schlug er den roten Feuerstein, führte das zu Gewittern. Wer sich anmaßte, eine heilige Farbe, z. B. eine rote Blume, zu tragen, riskierte vom Blitz erschlagen zu werden. Mit der Herausbildung des Christentums wurde das Rot dem Teufel zugeschrieben. Klatschmohn wurde zur Höllen- oder Teufelsblume. Rothaarige Frauen waren Hexen, rothaarige Männer standen dem Teufel nahe: "Roter Bart, Teufelsart". Rot hatte und hat auch Bedeutung als Heilfarbe. In der alten chinesischen oder indianischen Medizin wurden Kranke in rote Tücher gehüllt oder mit magischem rotem Pulver geheilt. Rot war auch die Farbe von Eroberung und Besitz.
Kardinäle, Adlige, Könige und Kaiser waren teilweise völlig in Rot gekleidet (Bild 29/1). So wurde das Rot zum Symbol höchster Macht. Andererseits bedeutete Rot auch die Farbe der Liebe. Rote Rosen sind heute noch deren Sinnbild (Bild 29/2). Verbunden mit dem Rot der Liebe war es auch das Rot der Freiheit und der Aggression. Freiheitsbewegungen wählten deshalb ebenso Rot zu ihrer Farbe (Fahne der Arbeiterbewegung), wie es terroristische Zellen oder Gruppen (Rote Brigaden) taten. Noch heute hat die Farbe Rot in fast allen Ländern folgende Bedeutungen: Krieg, Ärger, Wut, Liebe, Leidenschaft, Feuer.

Bild 29/2 Rote Rose als Sinnbild der Liebe

Die Farbe Blau. Blau ist Symbol des Himmels, des Kosmischen, des Unendlichen, der Ferne. Himmel und Wasser sind blau und symbolisieren damit Klarheit und Reinheit. Blau hat aber auch die Bedeutung von kühl und romantisch. Blau ist auch Farbe der Feierlichkeit und der Treue zu Gott. So ist Blau im jüdischen Glauben die Farbe Gottes. Der Gott des Hinduismus trägt immer Blau. Bei religiösen Darstellungen auf alten Gemälden (Bild 29/3) wird deshalb oft die Farbe Blau verwendet. Die Grabkammern der Pharaonen im alten Ägypten wurden blau ausgemalt. Blau bedeutet auch Schwermütigkeit und Melancholie, wie sie im Blues der schwarzen Bevölkerung Amerikas oder in der Redewendung "I am blue" zum Ausdruck kommen. Blau als politisches Symbol ist relativ selten und fast nur dort anzutreffen, wo das Staatssymbol einen religiösen Hintergrund hat. In mehrfarbigen Flaggen soll Blau auch Symbol für den Zusammenhalt sein, z. B. in der französischen und der tschechischen Flagge oder in der Flagge der Vereinten Nationen.

Bild 29/3 Dreifaltigkeitsikone von Andrej Rubljow (um 1411)

Die Farbe Gelb. Gelb charakterisiert für die Menschen immer die Nähe zur Sonne und zum Gold. Sie gilt als die intensivste, brennendste, ja blind machende Farbe (Bild 30/1, S. 30). Gelb gilt als die Farbe des Lichts im Gegensatz zum Schwarz der Nacht, weshalb in vielen Kulturen und Religionen Herrscher und Götter in Gelb gekleidet sind. In Asien ist Gelb die heilige Farbe und gleichzeitig das Symbol für Macht. Gelb, das die Farbe des Goldes ist, bedeutet Ewigkeit, da Gold ein unvergängliches Metall ist. Gelb, besonders Schwefelgelb, wird aber auch mit der Nähe zum Teufel, zur Hölle, in Verbindung gebracht. Deshalb bedeutet es auch Krankheit (Gelbsucht) oder Tod. Schiffe, auf denen die Pest ausgebrochen war, mussten früher mit gelber Flagge gekennzeichnet werden. Gelb wurde immer zur Kennzeichnung und Absonderung bestimmter Gruppen von Menschen benutzt. Prostituierte, Bettler und Schuldner mussten gelbe Zeichen, Verräter und Ketzer gelbe Sterne an ihrer Kleidung tragen.

Besonders missbraucht wurde der gelbe Stern während der Nazizeit, in der Menschen jüdischen Glaubens gezwungen wurden, diesen Stern zu tragen.
Vergiftungen und Fälschungen, Krankheiten und schlechte Charaktereigenschaften wie Neid und Missgunst sind ebenfalls mit der gelben Farbe verbunden. Noch heute kennt man das Sprichwort "gelb vor Neid."

Bild 30/1 Feld mit Sonnenblumen

Die Farbe Grün. Wiesen, Wald, blühende Natur, einladende Landschaften, gesunde Umwelt; alles das ist mit der Farbe Grün verbunden (Bild 30/2). Grün bedeutet deshalb für die Menschen Wachstum und Entwicklung, aber auch Ruhe, Erholung und Schutz. Grün hat in unterschiedlichen Klimazonen stark abweichende Bedeutungen. In Wüstengebieten steht es für Schatten und Windschutz. Die grüne Oase in der Wüste bedeutet Leben schlechthin. Grün ist die Farbe der Fahne Mohammeds und bedeutet Glück und Zufriedenheit. In vielen Religionen signalisiert Grün Beginn und Auferstehung. Daher kommt der Name des Gründonnerstag, an welchem sinngemäß Altes sterben musste, damit Neues leben konnte. Noch heute wird in bestimmten Gegenden zum Gründonnerstag das erste junge Grün gespeist, so in Hessen z. B. junge Kräuter in einer grünen Soße und in Frankreich Spinat. Grün steht für Leben und Fruchtbarkeit, Grün ist der Beginn des Lebens. Diese Bedeutung wird auch von Politikern aufgegriffen. Grüne Parteien und Bewegungen wollen so einen Neuanfang in der Politik, ein anderes Verständnis der Menschen zu ihrer Umwelt und zu sich selbst symbolisieren. Da Grün am Anfang steht, sagt man heute noch "Du bist ja noch grün hinter den Ohren" oder "Du bist ein Greenhorn", was soviel wie Anfänger, noch nicht voll entwickelter Mensch bedeutet.
Grün hat allerdings auch negative Bedeutungen, die sich in Depression, Neid oder Sprüchen wie "Wir sind uns nicht grün" widerspiegeln. In den Ländern Europas ist die Bedeutung von Grün sehr unterschiedlich. Überwiegend verbindet sich aber damit Hoffnung, Jugendlichkeit und Unerfahrenheit.

Bild 30/2 Grün – die dominierende Farbe in der Natur

Die Farbe Weiß. Weiß als unbunte Farbe hat eine Sonderstellung unter den Farben inne. Sie bedeutet Tod und Trauer, aber gleichzeitig Geburt und Auferstehung, Licht, Hoffnung und Leben. In vielen Religionen ist Weiß symbolisch mit Erleuchtung, Weisheit, Reinheit verbunden. Im Christentum erscheint Gott in weißem Gewand. In einigen Religionen tragen die Geistlichen weiße Kleider, z. B. die Brahmanen Indiens oder die Geistlichen des Islam. Weiß waren die Opfertiere für die Lichtgötter, in Peru weiße Lamas, bei einigen Indianervölkern weiße Bisons, im alten Rom weiße Stiere. Auch bei den Germanen und anderen Völkern waren weiße Tiere heilig.

Weiß ist die Farbe des Anfangs. Die Farbe steht für Unschuld, Reinheit, Vollkommenheit. So sagt man: "Ich habe eine weiße Weste." Das Kind trägt bei der Taufe ein weißes Taufkleid, die Braut trägt weiß (Bild 31/1). Weiße Blüten (weiße Lilie, weiße Lotosblüte) symbolisieren ebenso diese Reinheit und Vollkommenheit.

Weiß ist aber auch die Farbe vom Ende, alles Bunte ist zerstört. Bei afrikanischen Stämmen bemalen sich Trauernde die Gesichter weiß. Weiß ist die Trauerfarbe in Asien, in islamischen Ländern, einigen Ländern des Mittelmeerraumes und einigen slawischen Ländern. Weißes Salz steht für lebenswichtig und unheilabwehrend. In Japan ist es Symbol innerer Reinigung. Man streut es auf Türschwellen, nach Bestattungen oder nach dem Besuch unangenehmer Personen. Selbst bei Sumowettkämpfen wird es zur symbolischen Reinigung von den Sumokämpfern auf die Kampffläche gestreut.

In Europa wird Weiß heute überwiegend als Symbol für Frieden, Unschuld, Sauberkeit und Reinheit angesehen.

Bild 31/1 Weißes Brautkleid

Die Farbe Schwarz. Schwarz steht für Absolutheit. Es ist Abwesenheit allen Lichts, Dunkelheit, Unheimlichkeit, Stille der Nacht. Schwarz wurde fast immer negativ belegt, z. B. mit Tod und Vernichtung. Schwarz als Trauerkleidung bringt etwas endgültiges zum Ausdruck, es besteht keine Hoffnung auf Wiederkehr (Bild 31/2).

Bild 31/2 Trauerzug

Als schwarzes Weib sah man die Pest. Die schwarze Seele im Menschen war besessen von schwarzen Geistern. Die schwarze Katze bringt Unglück, sie war der Begleiter von Hexen. Im Mittelalter galt Schwarz für Unglaube und Sünde. Im Märchen wird durch Schwarz das Unglück oder etwas Verwunschenes zum Ausdruck gebracht, wie die schwarze Frau, die schwarze Prinzessin, die schwarzen Raben.

Schwarz kann auch für Gewalt, Sadismus und Terror stehen. Die schwarzen Uniformen der SS-Scharen in Deutschland zeugten davon.

Der Farbe Schwarz wurde aber auch schützende oder heilende Wirkung zugeschrieben. Schwarze Tiere wurden bei Krankheitsfällen geopfert. Kranke bekamen Suppe aus schwarzen Hühnern zu essen. Schwarze Tücher sollten gegen Kopfschmerzen und das erwärmte Fell einer schwarzen Katze gegen Gliederschmerzen helfen. Schwarzen Haaren schrieb man schützende Wirkung vor Geistern zu. Die Gesichter von Kindern wurden schwarz bemalt, um sie vor dem "bösen Blick" zu schützen.

Schwarz wurde auch die Farbe der Weltverachtung, des Verzichts und der Demut. Den Verzicht auf alles Angenehme und auf Eitelkeit zeigte man durch Tragen schwarzer Kleidung ebenso an wie Ernsthaftigkeit und Festlichkeit. Pfarrer und Mönche tragen schwarze Kleidung, Richter schwarze Roben. Schwarz steht auch für solide und edel. Bei Staatsfeierlichkeiten trägt man schwarz. Autos für Repräsentanten eines Staates sind fast immer schwarz lackiert.

Schwarz kann aber auch für erotisch und geheimnisvoll stehen. Feste, endgültige Entscheidungen werden durch Schwarz symbolisiert. Aus diesem Grund trägt der Bräutigam einen schwarzen Anzug.

Auch manche Jugendliche drücken durch Tragen schwarzer Kleidung bestimmte Haltungen aus.

Tatsachen ordnet man ebenfalls diese Farbe zu, weshalb man oft hört, "das steht schwarz auf weiss".

In der Sprache wird die Farbe Schwarz oft in der Bedeutung gebraucht, dass etwas ursprünglich Gutes schlecht gemacht werden soll. Solche Ausdrücke können z. B. sein: anschwärzen, Schwarzhandel treiben, schwarzes Schaf, schwarze Messe oder schwarze Seele. Auch die Schwarzarbeit steht für den Wandel des sonst positiv gebrauchten Wortes Arbeit.

Wie Farben auf Menschen wirken können

Farben können beim Menschen sowohl physiologische als auch psychische Wirkungen auslösen. In der Regel treten mehrere, miteinander verknüpfte Wirkungen auf, weshalb es immer noch recht schwer ist, einzelne Wirkungen isoliert zu erfassen und zu ordnen.

Physiologische Wirkungen. Farben können den Sehvorgang beeinflussen. So sieht man z. B. bei der Anordnung der Farben Gelb, Orange und Rot den Farbton Orange nicht mehr einheitlich. An der Grenze zum Gelb wirkt er rötlicher und dunkler und an der Grenze zum Rot heller und gelblicher (Bild 32/1).

Bild 32/1 Farbbalken

Eine ähnliche Täuschung tritt auf, wenn man mehrere Graustufen ohne Zwischenraum aneinanderreiht. Dann erscheint jedes Grau an der Grenze zum helleren dunkler und an der Grenze zum dunkleren Grau heller. Farbkontraständerungen treten auch auf, wenn die gleiche Farbenprobe auf zwei voneinander farblich getrennten Untergründen plaziert wird. Ein grüner Farbbalken erscheint auf einem hellgelben Grund bläulich und dunkler, auf einem dunkelblauen Grund dagegen heller und gelblicher (Exp. 1 und Exp. 2). Ebenso kann es beim längeren Betrachten bestimmter Farben dazu kommen, dass allmählich ein Nachbild, eine Gegenfarbe, erscheint.
Der menschliche Organismus kann auch durch Veränderung der Atemfrequenz, des Blutdruckes, durch Pulsveränderung und Verengen oder Erweitern der Pupillen unbewusst auf Farben reagieren. So können rote Farben den Blutdruck und die Herzfrequenz erhöhen, grüne Farben dagegen dämpfend wirken.

Psychische Wirkungen. Farben können das seelische Empfinden der Menschen stark beeinflussen, man wirkt dynamischer oder entspannter, ruhiger oder aggressiver. Farben sind also für den Menschen auch "Stimmungsmacher". So fühlt sich der Opernbesucher sicherlich wohler, wenn das Opernhaus mit Ocker, Gold und Rot gestaltet wurde als mit strahlendem Blau (Bild 32/2).

Bild 32/2 Innenraum der Staatsoper Unter den Linden, Berlin

Die Verknüpfung von Farben mit Erfahrungen oder Erlebnissen kann ebenfalls zu verschiedenen Stimmungen führen. So kann ein farbig gut gestalteter Saal Erinnerungen an schöne Erlebnisse wachrufen, was schon beim Betreten des Saales eine angenehme Stimmung bewirkt. Auf das psychische Befinden wirken sich reine und satte Farben besonders aus. Gleiche Farben können allerdings sehr unterschiedliche Wirkungen bei verschiedenen Menschen hervorrufen (Exp. 3 bis 5). Durch langwierige Tests lassen sich diese ermitteln. Für Rot gaben Testpersonen z. B. folgende unterschiedlichen Wirkungen auf sie an: aufregend, mächtig, stark und herrisch; herausfordernd; widerspenstig und feindselig, aber auch beschützend und verteidigend. Noch unterschiedlicher wirkte Schwarz auf befragte Personen. Sie nannten u. a. folgende Wirkungen: mächtig, stark, herrisch, beschützend und verteidigend, aber auch mutlos, niedergeschlagen, schwermütig und unglücklich.

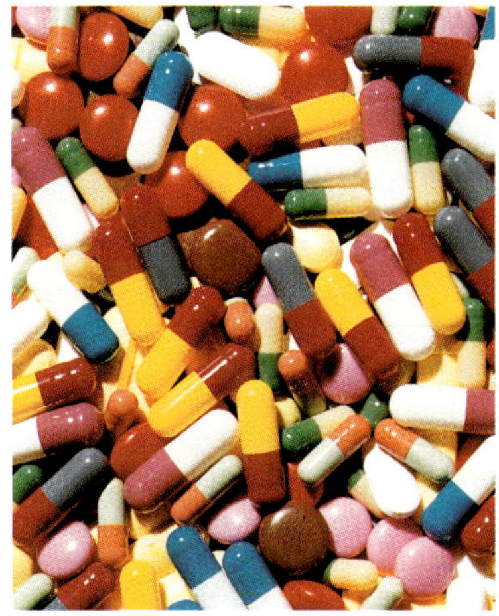
Bild 33/1 Farbige Arzneimittel

Psychische und physiologische Wirkungen sind oft nicht voneinander zu trennen, sie wirken gemeinsam und bilden eine Einheit. Bei Kenntnis und Beachtung der beschriebenen Wirkungen kann Farbe gezielt bei der Produktgestaltung eingesetzt werden. Bei einer Untersuchung der Wirksamkeit verschiedenfarbiger Medikamente wurden diese Effekte experimentell bewiesen. Medikamente wurden jeweils unterschiedlich gefärbt (Bild 33/1). Die Patienten reagierten bei Stimulanzmitteln am besten auf rote, gelbe und orange Pillen. Tabletten in den Farben Blau und Grün wurden automatisch für Beruhigungs- und Entspannungsmittel gehalten. Patienten, die an Depressionen litten, reagierten am besten auf gelbe Tabletten, während beige, braune und dunkelorange Tabletten am wirksamsten bei Hautkrankheiten sein sollten. Bei Allgemeinkrankheiten nahm man am liebsten weiße, bei Herzkrankheiten dagegen rote und scharlachfarbene Pillen. Einige Versuchspersonen waren sogar davon überzeugt, dass blasse und helle Tabletten schlechter wirkten als rote oder kräftiger gefärbte.

Durch unterschiedliche Methoden lässt sich ermitteln, welche Farben von Menschen verschiedener Altersgruppen bevorzugt werden. Solche Erkenntnisse werden bei der *Farbgestaltung* von Räumen, bei der Produktgestaltung, bei der Präsentation von Lebensmitteln (Exp. 6 und Exp. 7) ebenso ausgenutzt wie in der Medizin, in der z. B. *Farbtherapien* mittlerweile anerkannte Heilmethoden sind (Bild 33/2).

Bevorzugte und abgelehnte Farben. Aufgrund des für den Menschen unbewussten Einflusses von Farben auf physisches und psychisches Wohlbefinden prägt sich bei jedem Menschen ein bestimmtes Verhältnis zu Farben aus. Es gibt bevorzugte (Lieblingsfarben) und abgelehnte (Hassfarben) Farben (Exp. 5). Diese Einstellung wird deutlich in der Auswahl der Kleidung, in der Einrichtung und farblichen Gestaltung der Wohnung und in vielen anderen Bereichen. Eine Untersuchung bei Kindern und Jugendlichen im Jahre 1992 ergab die in der Tabelle erfassten Ergebnisse. Solche Ergebnisse sind nicht über sehr viele Jahre stabil, da Einstellungen zu Farbe und Farbgebung von verschiedensten Faktoren, z. B. von der Werbeindustrie, beeinflusst werden können (Tabelle).

Lieblings- und Hassfarben bei Kindern und Jugendlichen (Untersuchung von 1992)

Alter	Bevorzugung (überwiegend)	Ablehnung (überwiegend)
4 bis 10	Purpur, Rot, Orange, Rosa, Grünblau	Schwarz, Dunkelbraun, Weiß, Grau
11 bis 12	Grün, Gelb, Orange, Rot	Olivgrün, Lila
13 bis 16	Orangerot, Ultramarin	Violett, Lila
17 bis 19	Rotorange	Purpur, Rosa

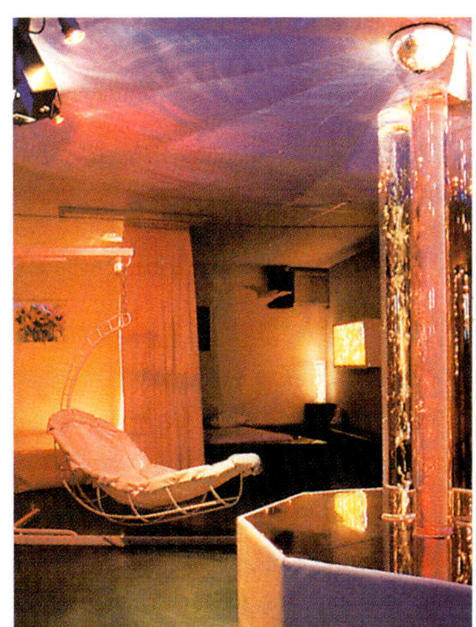
Bild 33/2 Farbtherapie – Snoezelen

Farben bei Konsumgütern und im öffentlichen Leben

Farbige Gestaltung von Konsumgütern bis 1950. Am Anfang des 20. Jahrhunderts spielten bunte Farben bei Produkten oder deren Verpackung kaum eine Rolle (Bild 34/1). Es dominierten Schwarz- und Grautöne. Noch nicht so perfekte Drucktechniken, wie wir sie heute kennen, hohe Preise für die farbige Gestaltung und Fragen des Zeitgeschmackes kann man als Gründe dafür ansehen. Autos waren schwarz oder dezent elfenbeinfarben lackiert. Das sollte auch auf die Würde der Besitzer hinweisen. Inneneinrichtungen von Wohnungen waren relativ dunkel und nach heutigem Geschmack trist. Teppiche, Möbelstoffe und Tapeten hoben sich kaum farblich ab.
Farbversuche unternahmen nur einige wenige Architekten und Modegestalter. Auch in der Bekleidung dominierten mehr oder weniger einheitlich schwarze bis graue Stoffe. Nur in der Mode für Wohlhabende bediente man sich des Gestaltungsmittels Farbe. Diese Bekleidung konnte wegen der hohen Preise nicht von der Masse der Bevölkerung gekauft werden.
In den zwanziger Jahren setzte ein deutlicher Wandel bei der Verwendung von Farben ein. Besonders die Damenmode und die Werbung für Produkte wurden farbiger gestaltet. Grelle Farbtöne kamen jedoch weniger zum Einsatz. Die Farbtöne blieben immer noch gedeckt und unauffällig.

Bild 34/1 Farbige Gestaltung einer Waschmittelverpackung vor 1950

Farbige Gestaltung von Konsumgütern heute. Der eigentliche Siegeszug der Farben in der Werbung und Konsumgüterindustrie begann in den fünfziger Jahren. Nachdem man mehr über psychische und physiologische Wirkungen von Farben wusste, widmete man den Farben als Mittel der gezielten Absatzförderung von Konsumgütern zunehmend mehr Aufmerksamkeit. Modeartikel wurden ebenso farbig gestaltet wie Kücheneinrichtungen, Teppiche und Gardinen, Haushaltsgeräte, Spielwaren und Waschmittelverpackungen (Bild 34/2). Selbst grellbunte Autos wurden bereits in den USA verkauft. Auch im technischen Bereich begann der Einsatz von Farben. Baumaschinen, landwirtschaftliche Maschinen, Maschinen für Produktions- und Handwerksbetriebe wurden farbig gestaltet. Die Werbung wurde immer farbiger. Bei der Verwendung der Farben nutzte man erstmals Erkenntnisse der Psychologie, um Arbeits- und Betriebsabläufe sicherer zu gestalten und um die Verkaufswirksamkeit zu erhöhen.
Die heutige Gesellschaft kann auf die größte Produktvielfalt in der Geschichte der Menschheit zurückgreifen. Der Verkaufserfolg hängt deshalb in nicht geringem Maße von geeigneten Marketingmaßnahmen ab. Dazu zählen Gebrauchstüchtigkeit, einfache Handhabbarkeit, ökologische Unbedenklichkeit und nicht an letzter Stelle die Farbgebung der Produkte und die geschickte Einbeziehung von Farben in die Produktverpackung und Produktwerbung.

Bild 34/2 Farbige Gestaltung einer Waschmittelverpackung heute

Rolle von Produktfarben. Im Lauf der Zeit haben sich für bestimmte Produkte beim Verbraucher auch bestimmte Farben eingeprägt. Das zeigen Ergebnisse einer Studie, die sich auf ausgewählte Nahrungsmittel bezog. Die befragten Kundinnen äußerten u.a.: Zucker müsse in blauen Packungen angeboten werden, ein helles Gelb sei für Teigwaren, ein rötliches Gelb für Mais, ein Grün mit brauner Aufschrift für Haselnüsse erforderlich. Es kann leicht überprüft werden, dass bei bestimmten Produkten auch bestimmte Farben erwartet werden, z. B. dass Kakao in braunen Verpackungen oder Ketchup in durchsichtigen Gläsern oder roten Verpackungen angeboten werden. Wer würde gegenwärtig schon auf die Idee kommen, eine Kunststoffflasche für Ketchup grün zu färben? Jedoch glaubte man vor zwanzig Jahren auch noch nicht, dass eine lilafarbene Verpackung für Schokolade verkaufswirksam sein könnte.

Beeinflussung durch Produktfarben. Die Wirkung von Farben wird von der Werbung und der Konsumgüterindustrie bewusst ausgenutzt. Helle, intensive Farben sprechen den Verbraucher direkt an, lenken seinen Blick direkt auf die Werbeanzeige oder das Produkt. Eine Untersuchung, welche Farben am stärksten die Aufmerksamkeit des Verbrauchers anziehen, bestätigt diese Aussage: Orange 21,4 %, Rot 18,6 %, Blau 17,0 %, Schwarz 13,4 %, Grün 12,6 %, Gelb 12,0 %, Violett 5,5 % und Grau 0,7 %. Durch Farben kann der Verbraucher so beeinflusst werden, dass er ein und demselben Produkt unterschiedliche Eigenschaften oder Qualitäten zuschreibt. Bei einer Untersuchung schenkte man 200 Personen den gleichen Kaffee aus vier verschiedenen Kannen aus, einer roten, einer blauen, einer braunen und einer gelben. Dreiviertel der Personen fanden den Kaffee aus der braunen Kanne zu stark und über 80 % den aus der roten Kanne aromatisch und kräftig. Der aus der blauen Kanne erschien mild und der aus der gelben Kanne war offensichtlich aus einer schwächeren Mischung (Exp. 6 und Exp. 7).

Frauen testeten die gleiche Gesichtscreme, eine war weiß, die andere rosa eingefärbt. Sie kamen zu der Auffassung, dass die rosa eingefärbte Creme milder und wirksamer sei und die Haut besser pflege.

Farben täuschen auch Wärme oder Kälte vor, man spricht deshalb auch von *warmen und kalten Farben* (Bild 27/1). Ein mit hellen, gelben Wänden versehenes Arbeitszimmer wirkt behaglich, während Versuche zeigten, dass Büros mit blauen Wänden um 3°C bis 4°C stärker beheizt werden mussten, um das gleiche Wärmegefühl zu erhalten. Die Beeinflussbarkeit von Menschen durch Farben nutzt man bei der Produktgestaltung aus (Tabelle).

Bild 35/1 Signalfarbe bei Verkehrszeichen

Beziehungen zwischen Farben und Produktgestaltung

Farbe	Produktbeziehung und mögliche Produktzuordnung
Rot	Besonders häufig in der Werbung eingesetzt; Sonderfall: Purpur als Zeichen der Würde, Erhabenheit, Macht bei besonders kostbaren textilen Bezugsstoffen
Orange	Wichtige Werbefarbe; Büromöbel, Bürozubehör; Gardinen, Fußböden; Kinderspielzeug (Farbe wird von vielen Kindern bevorzugt)
Gelb	Günstig bei glatten und glänzenden Materialien; bei rauen Materialien wirkt es leicht schmutzig
Grün	Werbefarbe in Verbindung mit der Natur; sehr universell einsetzbar, besonders im Produktionsbereich und für Maschinen
Blau	Werbefarbe für Frische und Reinheit; Frischwaren, Reinigungsmittel, Tiefkühlprodukte, Spirituosen; Sonderfall: Türkis (sehr kalt, unbehaglich, Eis, Kristall)
Violett	Hygiene- und Intimbereichartikel
Braun	Möbel, Innenräume, Büroprodukte; Kaffee
Schwarz	Produkte des Geltungskonsums
Weiß	Küchen- und Haushaltsgeräte

Bild 35/2 Farbige Kennzeichnung von Gasflaschen

Farben im öffentlichen Leben. Auch außerhalb von Werbung und Konsumgütergestaltung spielen Farben eine nicht mehr wegzudenkende Rolle im Zusammenleben der Menschen. Farben signalisieren Sachverhalte. Sie dienen der Regelung des Straßenverkehrs (Bild 35/1) und betrieblicher Abläufe. Sie werden zur Durchsetzung von Ordnung und Disziplin im Betrieb, im Sport oder bei Polizei und Armee eingesetzt. Sie zeigen Wege an oder kennzeichnen besondere Gefahren (Bild 35/2). Sie helfen, verschiedene Inhalte zu unterscheiden, verdeutlichen Wichtiges auf Landkarten (Bild 35/3), im Büro oder in den Schulbüchern. Sie dienen der Veranschaulichung von Gewinnen und Verlusten, sie bezeichnen Leitungen, Armaturen und bestimmte elektrische Bauteile. Sie ermöglichen das „Lesen" einer Landkarte ohne Schrift.

Bild 35/3 Ausschnitt aus einer Landkarte

Farben verändern Räume

Farbwirkung in Wohn- und Arbeitsräumen. In Wohn- und Arbeitsräumen will sich der Mensch wohlfühlen. Deshalb sind Farben und Beleuchtung so abzustimmen, dass der Raum den Zweck erfüllt, für den er gedacht ist. Kalte Farben eignen sich für Räume, in denen man sich geistig konzentrieren will. Sie werden auch für an der Südseite gelegene Räume verwendet. Warme Farben sind geeignet für Räume, die anregend wirken sollen. Außerdem werden sie für die an Nordseiten befindlichen Wohnräume eingesetzt. Übereinstimmend bezeichnet man die Farbbereiche Blau bis Grün als kalt und die Farbbereiche Gelb bis Rot als warm. Werden die Farben von Rot nach Gelb oder von Grün nach Gelb eingesetzt, wirken sie entspannend. Eine umgekehrte Reihenfolge bewirkt Spannung (Tabelle).

Raumverändernde Farbwirkungen. Mit Farben lässt sich die Größenwirkung eines Raumes beeinflussen. Eine weiße oder sehr helle Decke hebt den Raum, er wirkt höher. Durch einen dunklen Anstrich der Decke wirkt der Raum niedriger. Bei niedrigen Räumen sollte deshalb keinesfalls eine dunkle Deckengestaltung erfolgen. Dunkle Wandfarben engen einen Raum ein. Helle Wandfarben wirken scheinbar raumvergrößernd, was besonders bei kleinen oder länglichen Räumen eine wichtige Rolle spielt. Eine Rückwand scheint durch einen hellblauen Anstrich weiter entfernt, ein roter oder brauner Anstrich lässt sie sehr nahe erscheinen. Durch farbige Längsstreifen erscheint ein Raum höher, durch Querstreifen niedriger. Auf den Raum abgestimmte Farben des Fußbodens können die Wirkung von Wand- und Deckenfarben noch unterstützen (Exp. 8 und Exp. 9; Bild 36/1; Tabelle)

Bild 36/1 Raumverändernde Wirkung einer Bodenfarbe

Farbe und Raumgestaltung

Farbe der Wände	Wirkung im Raum	geeignet für
Blau	Raum wird verkleinert, er wirkt tiefer und kühl	kühle, nüchterne, elegante Sachlichkeit ausstrahlende Räume
Hellblau	Raum erscheint hell und weit	sonnige Räume, die sauber, frisch, hygienisch erscheinen sollen, z. B. Küche, Bad; Pastellblau wirkt entspannend, z. B. Schlafräume
Gelb	Raum erscheint weiter in Pastell-, vordergründig in Volltönen	Pastell: Wohnräume mit wenig Sonneneinstrahlung, Kinder- und Esszimmer, Arbeitsräume; Volltöne: Küche, Bad, Blumenecken, Wintergärten
Grün	Raum erscheint ausgleichend und beruhigend, wirkt lärmdämpfend	Räume zur Entspannung, Ruhe, Konzentration (Bild 36/2)
Rot	Raum wirkt verengt, man fühlt sich beengt und erdrückt	für komplette Räume nicht geeignet, abgeschwächte Töne für Kinos, Opernhäuser, Salons
Erdfarben, Braun, Rost, Ocker, Umbra	Raum wirkt verengt, man fühlt sich geborgen	Wohnräume; Räume, die eine behagliche, gemütliche Atmosphäre haben sollen

Bild 36/2 Chemieraum

Vom richtigen Schminken

Körperbemalung. Gesicht und Körper zu bemalen gehört zu den ältesten Traditionen der Menschheit. Die Menschen wollten ihre Feinde erschrecken und durch dämonisch anmutende Farbigkeit zum Rückzug veranlassen (Bild 37/1). In europäischen, indianischen und asiatischen Kulturen findet man ähnliche Farbsymbole: Rot galt als Farbe des Mutes und der Kraft, Gelb stand für Gewitztheit und Schlauheit, Blau war die Farbe der Weisheit, Grün stand für Gelassenheit und Ruhe, Weiß symbolisierte die Unschuld der Gedanken.
Aus den alten Traditionen der Körperbemalung entstanden Tätowierungen, die ursprünglich bösen Mächten und dämonischen Kräften Einhalt gebieten sollten. Aber auch die Faschingsbemalung kommt aus dieser Tradition, weil damit in der Fastenzeit die bösen Geister und Dämonen verjagt werden sollten.

Bild 37/1 Bemalung eines Kriegers der Papona aus New Guinea

Schminken früher. Im Laufe der kulturellen Entwicklung der Menschheit wurde zunehmend auf die Körperbemalung verzichtet, Ausnahme bildeten und bilden Angehörige von Stämmen der Ureinwohner Afrikas, Amerikas und Asiens.
Es entwickelte sich die Kunst des Schminkens. Diese wurde später ausschließlich zur Verschönerung eingesetzt.
Die Ägypterinnen legten großen Wert auf die ausdrucksstarke Betonung der Augen. Das Augenlid wurde schwarz umrahmt und grüner Malachitpuder auf das Lid aufgetragen (Bild 37/2). Die Griechinnen schätzten natürliches Aussehen und hellten ihren Teint mit Salben aus Silberweiß, Gips, Mehl oder Kreide auf. Römerinnen liebten ein farbenprächtiges Gesicht: starke Augenumrandungen mit Graphitpulver, kräftiges Zinnoberrot für die Lippen und Karminrot als Rouge. Im Mittelalter dünnte man den Haaransatz und die Augenbrauen aus und zeichnete die fein verlaufenden Stirnvenen nach. Die Augen schminkte man mandelförmig. Im Zeitalter der Renaissance liebte die herrschende Schicht den Luxus und intensives Schminken. Wangen und Lippen wurden kräftig mit Zinnoberrot gefärbt, die Augen mit Antimon umrandet und stark betont, die Augenbrauen fein gezupft. Im 18. Jahrhundert setzte man sich kunstvolle Perücken auf und trug Luxuskleidung. Das Gesicht wurde mit einer weißen Paste aus Bleiweiß oder Alaun eingerieben, die Wangen und die Lippen hochrot geschminkt. In Mode war auch die Verwendung von Schönheitspflastern, die, an verschiedenen Körperstellen angebracht, unterschiedliche Signale setzten. Waschen als Mittel der Körperpflege war eher selten verbreitet.

Bild 37/2 Geschminkte Ägypterin auf einem Wandfries

Im Gegensatz zum Adel schminkten oder puderten sich die Bürgerinnen sehr zurückhaltend und natürlich. Das hatte einerseits seine Ursache darin, dass auffälliges Schminken den Angehörigen der herrschenden Familien vorbehalten war. Andererseits wären die notwendigen Schminkutensilien für Angehörige der anderen Schichten nicht bezahlbar oder zugänglich gewesen.
Bis etwa 1930 pflegte die Bürgerin das Gesicht mit Milch und Honig. Rouge und Lippenrot wurden nur dezent aufgetragen. Blasse Hautfarbe zeigte die besondere Stellung der Bürgerin an. Einen gebräunten Teint hatten die Feldarbeiterinnen, von denen man sich deutlich unterscheiden wollte.

Schminken heute. Heute gilt die gebräunte Haut (Bild 37/3) als sportlich und gesund, obwohl man um die Gefährlichkeit von zu starker UV-Strahlung weiß. Auch die Strahlen in Sonnenstudios sind bei Dauerbestrahlung nicht ungefährlich. Schminken dient der Schönheitspflege und der Betonung der Individualität. Es hebt Vorteilhaftes hervor, lässt Nachteiliges zurücktreten. Gleichzeitig pflegt ein gutes Make up die Haut und macht sie widerstandsfähiger.
Individuelles Schminken, Kleiden und Frisieren kann aber auch den Zweck haben, bewusst von gesellschaftlichen Normen abzuweichen, anders als alle zu sein. Besonders bei Jugendlichen kann man solche Bewegungen in jedem Jahrzehnt

Bild 37/3 Sonnengebräunte Wassersportler

4 Farbgebende Stoffe

Mit vielen verschiedenen Stoffen kann man Gegenstände farbig gestalten. Wenn man Wandfarbe auf eine Tapete rollt oder Ostereier färbt, wenn ein T-Shirt blau gefärbt wird oder die Haare einen modernen Rotton erhalten sollen, wenn das Auto lackiert wird oder ein farbiges Gemälde entsteht – immer werden dazu farbgebende Stoffe, die Farbmittel, verwendet.

1

Experimente

Wir stellen Malerfarben her

Experiment 1: Herstellen von "Erdfarben"
Mischen Sie verschiedene farbige Metalloxide, z. B. verschiedene Eisenoxide, zermahlene Sande und Pflanzenasche, jeweils mit Pflanzenöl oder mit Hühnerei! Gestalten Sie mit diesen Pigmentfarben auf Pappe oder Papier Motive alter Höhlenmalereien nach!

Experiment 2: Herstellen einer Pigment-Wasser-Emulsion
Rühren Sie etwas Pigmentpulver in Wasser ein! Bestreichen Sie damit ein Blatt Papier! Reiben Sie das Papier nach dem Trocknen stark mit der Handfläche! Was stellen Sie fest?

Experiment 3: Herstellen einer Leimfarbe
Rühren Sie Pigmentpulver in Wasser ein und mischen Sie dazu Celluloseleim im gleichen Verhältnis! Bestreichen Sie damit ein Blatt Papier! Reiben Sie das Papier nach dem Trocknen stark mit der Handfläche! Vergleichen Sie das Ergebnis mit dem von Experiment 2!

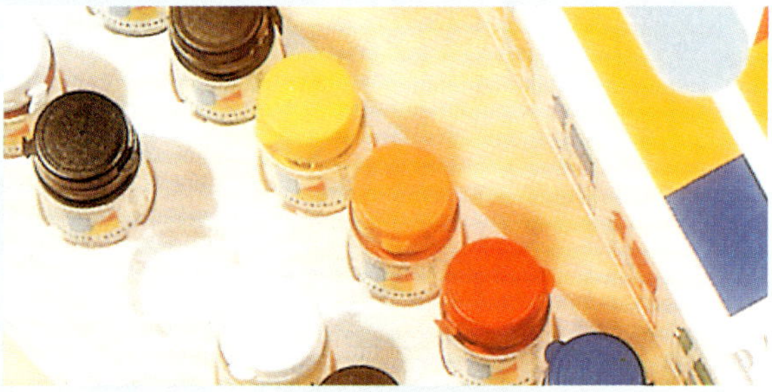
2

Experiment 4: Herstellen einer Ei-Tempera-Farbe
Schlagen Sie 2 Eier in ein Becherglas! Rühren Sie dazu gleiche Volumina Leinöl und Wasser! Bringen Sie mit einem Pinsel Proben dieses Gemisches auf kleine Teller und verrühren Sie die Proben mit je einem Farbpigment! Malen Sie mit den erhaltenen Temperafarben oder gekauften Temperafarben (Bild 40/2) farbige Bilder!

Experiment 5: Herstellen eines Spirituslackes
Rühren Sie 16 g Schellack, 4 ml Rizinusöl und 80 ml reines Ethanol (F) bis zur völligen Lösung des Lacks! Lösen Sie darin anschließend 10 g fein zerriebenes Kolophonium! Dekantieren Sie den trüben Lack nach 2 bis 3 Tagen und verwerfen Sie den Bodensatz! Streichen Sie mit diesem Lack Holzteile und ermitteln Sie seinen Glanz und seine Haltbarkeit gegen Feuchtigkeit!

Wir stellen farbige Kosmetika her

Achtung! Alle bei der Herstellung von Kosmetika verwendeten Stoffe müssen in ihrer Reinheit der gültigen Kosmetikverordnung (KVO) entsprechen! Diese Stoffe sind in Apotheken und Kosmetikvertrieben erhältlich.

1

Experiment 6: Herstellen von Lidschattenpuder
Vermischen Sie 10 g Talkum, 5 g Stärke, 2 g Magnesiumstearat innig durch Schütteln in einem verschlossenen Demonstrationsreagenzglas! Geben Sie dieses Gemisch vorsichtig und portionsweise zu 7 g Jojobaöl, das sich in einer Kristallisierschale befindet und mischen Sie es mit einem Glasstab so lange, bis eine gleichmäßige Paste entstanden ist! Mischen Sie anschließend verschiedene Farbpigmente im Verhältnis 1:1 dazu (Glimmer, Perlglanzpigmente, Pulverpigmente)! Testen Sie den Puder auf einem weißen Stück Papier oder tragen Sie ihn zum Schminken auf!

Experiment 7: Herstellen einer Wimperntusche
Erhitzen Sie 3 g Lamecreme mit 5 g Rizinusöl vorsichtig im Wasserbad auf 70 °C! Fügen Sie dazu eine ebenfalls 70 °C warme Lösung aus 10 ml destilliertem Wasser und 2 g Sorbit! Rühren Sie vorsichtig bei etwa 35 °C 1 g Gummi arabicum unter die Emulsion und als Konservierungsmittel 2 bis 3 Tropfen Heliozimt K! Geben Sie nach etwa 10 Minuten zu der Masse 3 g Farbpigmente und verrühren Sie so lange sehr sorgfältig, bis die Masse völlig gleichmäßig gefärbt ist! Erhitzen Sie wiederum auf 70 °C und füllen Sie die Flüssigkeit mit einer Einwegspritze in eine leere Wimperntuschenflasche! Verwenden Sie die Tusche zum Schminken der Wimpern!

Experiment 8: Herstellen von Gesichtspuder
Mischen Sie 7,5 g Magnesiumsilicat mit 2,5 g Kaolin, 1 g Zinkstearat, 5,5 g Glimmer, wenig Pigment (Eisenoxide 0,2 bis 0,4 g) und 33 g Talkum so lange, bis ein völlig gleichmäßiger Farbpuder entstanden ist! Falls gewünscht, können Sie noch wenige Tropfen Parfümöl untermischen. Nehmen Sie Schminkversuche auf einer Papiervorlage oder im Gesicht vor! Vergleichen Sie die von Ihnen hergestellten Produkte mit handelsüblichen Kosmetikartikeln (Bild 41/1)!

Experiment 9: Herstellen wasserlöslicher Theaterschminke
Mischen Sie 10 g Tagescreme mit 2 g Gummi arabicum und 3 g Farbpigmenten (Perlglanzpigmente, Farbpulverpigmente, z. B. Eisenoxide), bis eine gleichmäßige Masse entstanden ist! Falls erwünscht, können Sie noch einige Tropfen Parfümöl untermischen. Testen Sie die verschiedenen Schminken auf weißem Papier! Vergleichen Sie Ihr Produkt mit der Schminke eines Artisten (Bild 41/2)!

2

Experiment 10: Herstellen eines Lippenstiftes
Geben Sie 15 g Rizinusöl, 2 g Bienenwachs und 1 g Carnaubawachs in ein Becherglas und erhitzen Sie es im Wasserbad unter Umrühren auf 80 °C! Wenn die Masse geschmolzen ist, rühren Sie 3 g Perlglanzpigment ein! Falls erforderlich, können Sie noch 1 bis 2 Tropfen eines öllöslichen Lebensmittelaromas untermischen. Gießen Sie die auf 60 °C abgekühlte Mischung in eingefettete Lippenstiftformen (erhältlich in Kosmetikläden)! Bewahren Sie die Formen nach dem Abkühlen zum Aushärten etwa 2 Stunden im Kühlschrank auf! Setzen Sie die jetzt entnommenen Lippenstifte in die Lippenstifthülsen ein! Testen Sie das erhaltene Ergebnis auf einem weißen Blatt Papier!

Experiment 11: Herstellen von Nagellack
Rühren Sie in 15 ml farblosen Nitroklarlack (F) 1 g Campher und 1 g Farbpigmentpulver so lange ein, bis eine gleichmäßig gefärbte Lösung entstanden ist! Als Farbpigmentpulver eignen sich rote Eisenoxide. Es kann auch ein organischer Farbstoff, z. B. Sudanrot, verwendet werden.
Bemerkung: Tragen Sie diesen Nagellack nur zu Demonstrationszwecken auf Papier oder Plastik auf! Einen länger haltenden, gut glänzenden Nagellack kann man aus Sicherheitsgründen (als Filmbildner wird explosive Nitrocellulose benötigt) nicht in der Schule herstellen.

Experiment 12: Herstellen natürlicher Haarfarben
Stellen Sie unterschiedliche Mischungen aus Henna und etwas Olivenöl her! Testen Sie die verschiedenen Haartöne (vom leuchtenden Rot bis zu intensiven Schwarztönen), indem Sie diese auf Papier aufbringen! Führen Sie vor dem Färben von Haaren Probeversuche an einzelnen Haarsträhnen durch, die aus dem Deckhaar geschnitten wurden! Erst dabei lässt sich der genaue Farbton ermitteln, da jeder Haartyp unterschiedlich auf die Farbstoffe reagiert.

1

Wir stellen Pigmente her

Experiment 13: Herstellen eines anorganischen Blaupigments (Berliner Blau)
Lösen Sie 10 g Eisen(III)-chlorid (Xn) in 250 ml Wasser und geben Sie 3 bis 4 ml Salzsäure (10%ig; Xi) zu. Geben Sie danach unter Rühren 50 ml Kaliumhexacyanoferrat(II)-lösung (6 g Kaliumhexacyanoferrat(II) in 50 ml destilliertem Wasser) zu! Filtrieren Sie den entstandenen Niederschlag ab und waschen Sie ihn zunächst in Ethanol (30%ig) und anschließend in reinem Ethanol (F)!
Stellen Sie sich daraus Pigmentfarben (↗ Experimente 2, 3, 4) her und führen Sie Malversuche auf verschiedenen Materialien durch!

Experiment 14: Herstellen der farblosen Form (Leukoform) von Indigo
Verreiben Sie 0,3 g fein pulverisiertes Indigo in 3 ml reinem Ethanol (F) und setzen Sie anschließend 10 ml Natronlauge (5%ig; C) zu! Gießen Sie die entstandene Suspension in 100 ml heißes Wasser (70 °C) und verrühren Sie darin 2 g Natriumdithionit! Legen Sie in die Lösung verschiedene weiße Textilstücke und lassen Sie diese an der Luft trocknen. Beschreiben Sie Ihre Beobachtungen!

Experiment 15: Herstellen eines Ocker-Pigments und eines Oxidrot-Pigments
Lösen Sie 2,5 g Eisen(III)-chlorid (Xn) in 125 ml Wasser und 3 ml Salzsäure (10%ig; Xi) und erhitzen Sie vorsichtig bis zum Sieden! Tropfen Sie in die siedende Lösung vorsichtig unter Rühren portionsweise 20 ml Natronlauge (10%ig; C)! Filtrieren Sie nach dem Abkühlen den Niederschlag ab und waschen Sie ihn in Wasser und reinem Ethanol (F)!
Erhitzen Sie einen Teil des Ockers in einem Porzellantiegel 15 Minuten bis zur Rotglut! Zerreiben Sie den Ocker nach dem Abkühlen fein! Arbeiten Sie mit den Pigmenten wie bei Experiment 13 beschrieben weiter!

Experiment 16: Gewinnen natürlicher Pigmente
Zermahlen Sie im Mörser farbige Naturmaterialien (Kreide oder Gips – weiß; gelb gebrannter Ton – ockergelb; Sand – gelb; rot gebrannter Ton – rot; verschiedene farbige Mineralien – grün bis blau (Bild 42/1); verkohlte Holz- oder Knochenteile – braun bis schwarz)! Arbeiten Sie mit den Pigmenten wie bei Experiment 13 beschrieben weiter!

Wir verwenden Farbstoffe als Indikatoren

Experiment 17: Indikatorwirkung von Farbstoffen
Geben Sie zu verschiedenen Farbstofflösungen einige Tropfen verdünnte Säure bzw. Lauge! Es eignen sich Lösungen natürlicher Farbstoffe (z. B. Rotkohlsaft, Sud von schwarzem Tee oder anderen Teearten, verschiedene farbige Pflanzensäfte) oder Lösungen synthetischer Farbstoffe (z. B. Universal-Indikator Bild 42/2, Methylorange, Methylrot, Phenolphthalein, Methylenblau, Kongorot). Als Säurelösungen können verwendet werden: Zitronensaft, Speiseessig, Fruchtsäfte, 8%ige Salzsäure. Als Laugen können verwendet werden: Sodawasser, Kernseifen- und Waschmittellösungen, Reinigungsmittel, aufgelöste Magentabletten, 8%ige Natronlauge (C), 8%iges Kalkwasser (Xi). Notieren Sie sich jeweils die Farben der Farbstofflösungen bei Zugabe von Wasser, von Säure bzw. von Lauge!

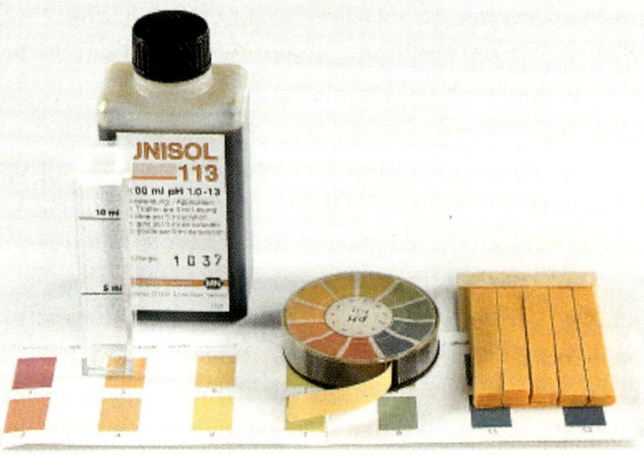

2

Wir tönen unsere Haare

Experiment 18: Herstellen natürlicher Haartönungen
Pflanzliche Haartönungen lassen sich u. a. aus folgenden Pflanzenmaterialien herstellen:
Zwiebelschalen für hellbraunes Haar ohne Rotton – ergibt hellbraune Tönung;
Rhabarberwurzel für blondes Haar – ergibt goldgelbe Tönung;
Malvenblüten für graues Haar – ergibt zarte violettblaue Tönung;
Kornblumenblüten für graues Haar – ergibt silbergraublaue Tönung;
Walnussschalen für dunkelblondes Haar – ergibt braune Tönung.
Geben Sie zu den jeweils verwendeten fein zerkleinerten Pflanzenmaterialien siedendes Wasser, rühren Sie gut um und lassen Sie anschließend etwa 30 Minuten ziehen! Nach dem Filtrieren oder Trennen durch ein Sieb kann der Pflanzensud als Spülung verwendet werden.
Für Spülungen, Tönungen und Färbungen empfehlen sich Probeversuche an einzelnen Haarsträhnen, die aus dem Deckhaar geschnitten wurden. Erst dabei lässt sich der genaue Farbton ermitteln, da jeder Haartyp unterschiedlich auf die Farbstoffe (Bild 43/1) reagiert.

1

Wir gewinnen Lebensmittelfarbstoffe

Experiment 19: Gewinnen von Carotin
Zerreiben Sie Möhren und pressen Sie den Brei durch ein Tuch! Konzentrieren Sie durch vorsichtiges Eindampfen den Saft. Benutzen Sie das Konzentrat zum Färben von Lebensmitteln. Hinweis: Das erhaltene Carotin lässt sich gut unter pflanzliche bzw. tierische Fette/Öle rühren. In Wasser ist es erst bei 95 °C löslich. Die wässrige Suspension eignet sich zum Färben von Eis oder Fruchtsaftgetränken.
Experiment 20: Gewinnen von Lebensmittelfarbstoffen aus Zuckerwaren
Übergießen Sie 20 g Lakritze zunächst mit 7 ml Wasser und 7 ml reinem Ethanol (F)! Geben Sie danach eine Spatelspitze Weinsäure zu! Hängen Sie in die Lösung mehrere saubere Wollfäden und erhitzen Sie 15 Minuten lang auf 90 °C! Nach dem Abspülen der Fäden mit Wasser geben Sie diese in ein Becherglas mit einer Lösung aus 25 ml reinem Ethanol (F) und 5 ml gesättigter Hirschhornsalzlösung! Erhitzen Sie unter ständigem Rühren etwa 5 Minuten! Färben Sie mit dem von den Fäden abgelösten blauen Farbstoff verschiedene Lebensmittel!

Wir stellen Farbstoffe her

Experiment 21: Isolieren von Pflanzenfarbstoffen (1)
Zerreiben Sie in einem Mörser mit wenig Sand 5 g Planzenmaterial (grün: Blätter von Spinat, Brennnessel; gelb: Blätter von Birken, Blüten von Färberkamille, Färberdistel, Sumpfdotterblume, Reseda; orange: Blüten von Tagetes; rot: Krappwurzel, Blütenblätter von Rosen und Klatschmohn, Preiselbeeren; blau: Blauholz, Blüten von Kornblumen, Heidelbeeren; braun: Nussschalen)! Überführen Sie das Pflanzenmaterial in einen 50 ml Standkolben! Geben Sie unter Schütteln 4 ml Propanon (F) zu! Nach einer Wartezeit von 15 Minuten fügen Sie 4 ml Wasser und danach 4 ml Petrolether (F) zu! Schütteln Sie kurz und kräftig! Nach dem Absetzen der festen Bestandteile befinden sich die Farbstoffe in der oberen Etherschicht, die Sie jetzt dekantieren können.
Führen Sie mit den Farbstoffen Färbeversuche durch!
Experiment 22: Isolieren von Pflanzenfarbstoffen (2)
Geben Sie in eine Soxhlet-Apparatur (Bild 43/2) eine selbst zu bestimmende Masse sehr fein mit Sand zerkleinerter Pflanzenteile und extrahieren Sie 2 Stunden mit reinem Ethanol (F)! Überführen Sie den Extrakt in eine Porzellanschale und verdampfen Sie das Lösungsmittel!
Führen Sie mit den Farbstoffen Färbeversuche durch!

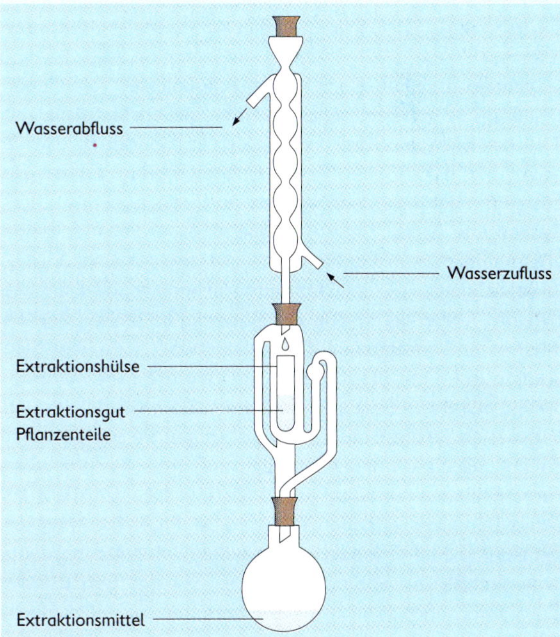

2

Experiment 23: Herstellen des Azofarbstoffs Methylorange
Achtung! Nur vom Lehrer durchzuführen!
Folgende Lösungen sind herzustellen bzw. bereitzustellen:

A: 5 g Sulfanilsäure (Xn) in 12,5 ml Natronlauge (10%ig ; C)
B: 2 g Natriumnitrit (T, O) in 25 ml Wasser
C: 2,5 ml Salzsäure (10%ig ; C)
D: 3 g Dimethylanilin (T) in 25 ml Salzsäure (5%ig ; Xi)

Durchführung: Die Lösungen A und B werden zusammengegeben und vorsichtig mit der eisgekühlten Lösung C versetzt. Die Temperatur darf nicht über 5 °C ansteigen! Die entstandene Lösung wird in die Lösung D eingebracht. Durch tropfenweise Zugabe von 8%iger Natronlauge (C) wird die entstandene Farbstofflösung alkalisch. Die dabei entstehenden orangebraunen Kristalle werden durch Filtrieren der Lösung mit einer Nutsche abgetrennt und getrocknet.

Experiment 24: Herstellen des Triphenylmethanfarbstoffs Phenolphthalein
Achtung! Nur vom Lehrer durchzuführen!
0,5 g Phthalsäureanhydrid (Xi) werden mit 0,5 g Phenol (T), 2 Tropfen konzentrierter Schwefelsäure (C) und 1 g wasserfreiem Zinkchlorid (C) vorsichtig erhitzt und etwa 5 Minuten in der Schmelze gehalten. Nachdem die orange bis braune Schmelze abgekühlt ist, werden 2 bis 3 ml Methanol (T, F) unter Schütteln zugegeben. 0,5 ml der Lösung werden mit 3 ml Wasser versetzt. Danach werden einige Tropfen 10%ige Natronlauge (C) und anschließend einige Tropfen 10%ige Schwefelsäure (Xi) zugegeben.

Wir trennen Farbstofflösungen durch Chromatografie

Experiment 25: Chromatografie von Lebensmittelfarben (1)
Geben Sie jeweils 6 gleichfarbige Schokolinsen (blau, gelb, rot, grün) in ein Becherglas und übergießen Sie diese mit 3 ml destilliertem Wasser! Wenn sich ein Teil der Farbstoffe gelöst hat, dekantieren Sie die Farbstofflösung! Geben Sie aus jeder der Farbstofflösungen je 1 ml in ein weiteres Becherglas, sodass jetzt vorliegen: blaue Lösung, gelbe Lösung, rote Lösung, grüne Lösung, Lösung mit einer Mischfarbe! Schneiden Sie ein Chromatografiepapier so zu, dass es zu einer Röhre geformt in ein Einweckglas passt, ohne an dessen Rand anzustoßen! Ziehen Sie etwa 2,5 cm über dem unteren Rand mit Bleistift eine waagerechte Linie! Markieren Sie auf dieser Linie im Abstand von 2,5 cm 5 Punkte und bezeichnen Sie diese mit b, g, r, gr, m! Tragen Sie auf jeden der Punkte mit einem anderen Kapillarröhrchen einen Tropfen Farbstofflösung auf! Der Farbstofffleck sollte nicht mehr als 5 mm Durchmesser haben. Trocknen Sie die Farbstoffflecken mit einem Fön und wiederholen Sie das Auftropfen, bis deutliche Farbflecken vorliegen! Formen Sie das getrocknete Chromatografiepapier zu einer Röhre, die mit einer Büroklammer in Form gehalten wird! Stellen Sie die Röhre mit den Farbflecken nach unten in ein Einweckglas, in dem sich so viel Fließmittel befindet, dass der Boden zu 1 cm bedeckt ist! Als Fließmittel eignen sich entweder 1%ige Kochsalzlösung oder reines Ethanol (F). Verschließen Sie den Deckel und bewegen Sie die Kammer bis zur Entfernung des Papiers nicht mehr! Nach einer Steighöhe von etwa 10 cm können Sie das Papier entfernen und aufgerollt zum Trocknen ausbreiten. Werten Sie nach dem Trocknen das erhaltene Chromatogramm aus!
Für dieses und die folgenden Experimente kann man auch Kreide oder Dünnschichtchromatografieplatten statt Chromatografiepapier verwenden. Die Kreide muss vorher etwa 20 Minuten bei 120 °C im Trockenschrank getrocknet werden.

Experiment 26: Chromatografie von Lebensmittelfarben (2)
Lösen Sie verschiedene Fruchtbonbons in etwa 30%igem Ethanol! Tropfen Sie die etwas eingedickte Lösung auf Chromatografiepapier! Lassen Sie den Tropfen leicht antrocknen und wiederholen Sie das Zutropfen! Der Tropfen muss klein, aber farbkräftig sein. Setzen Sie als Fließmittel ein Gemisch aus 10 ml 2,5%iger Natriumcitrat-Lösung, 1,5 ml reinem Ethanol (F) und 2,5 ml 25%iger Ammoniaklösung (C) ein!
Fertigen Sie mit reinen Lebensmittelfarbstoffen ebenfalls Chromatogramme (Bild 44/1) an und vergleichen Sie diese mit dem Chromatogramm der Bonbonlösung! Welche Lebensmittelfarbstoffe wurden bei den Bonbons verwendet?

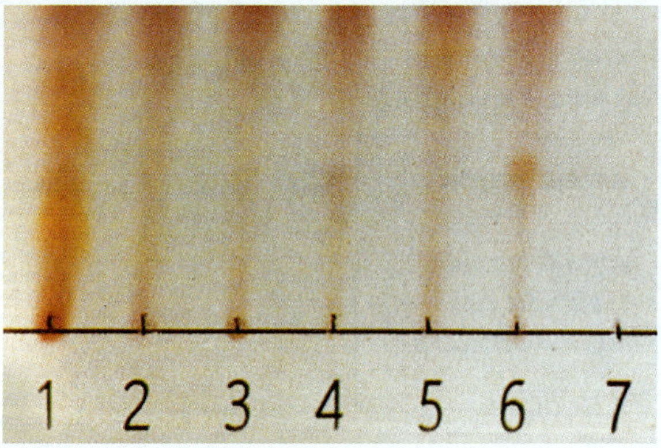

1

Experiment 27: Chromatografie von Filzstiftfarben
Tupfen Sie in die Mitte eines Filterpapiers mehrmals einen kräftigen Farbfleck mit einem Filzstift! Legen Sie das Filterpapier auf ein Uhrglas und betropfen Sie es mit einem Tropfen Wasser! Wenn der Tropfen aufgesogen ist, geben Sie den nächsten Tropfen zu und warten, bis dieser auch aufgesogen ist! Wiederholen Sie diesen Vorgang so lange, bis das ganze Filterpapier durchfeuchtet ist!
Parallel können auf mehreren Uhrgläsern verschiedene Filzstifte untersucht werden. Bei wasserfesten Filzstiften tropfen Sie statt Wasser reines Ethanol (F) zu! Wie viele Farbstoffe konnten Sie je Filzstift ermitteln?

Experiment 28: Chromatografie von Pflanzenfarbstoffen
Zerreiben Sie in einem Mörser mit etwas Sand 3 Brennnessel- oder Spinatblätter (oder Rotkohlblätter, Rotbuchenblätter, Kornblumenblütenblätter)! Geben Sie danach etwa 5 ml Trichlormethan (Xn) zu und filtrieren Sie anschließend! Tropfen Sie den Rohfarbstoff mehrfach auf die Startlinie des Chromatografiepapiers! Der Tropfen muss klein, aber farbkräftig sein. Hängen Sie das Chromatografiepapier senkrecht so auf, dass es etwa 1 cm in das Fließmittel (z. B. Propanon F) eintaucht (Bild 45/1)!
Welche Farbstoffe ließen sich in den verschiedenen Pflanzen und Pflanzenteilen nachweisen?

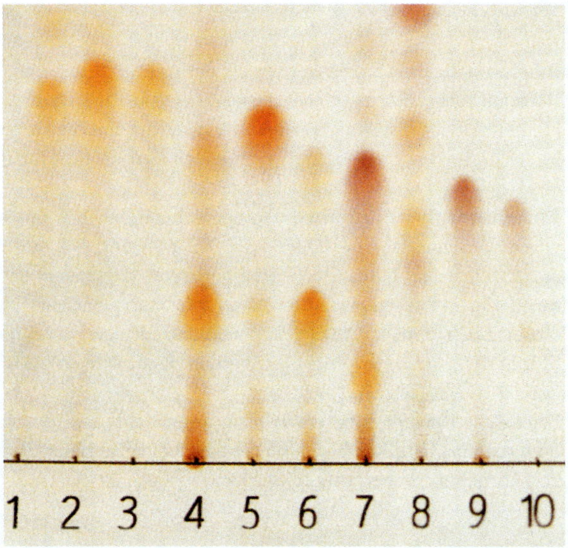

1

Aufgaben

1. Warum ist es nicht exakt, ein Anstrichmittel, z. B. Deckenweiß oder Farblacke, als Farbe zu bezeichnen?
2. Informieren Sie sich im Kunstunterricht und in Bibliotheken, welche verschiedenen Malfarben aus Pigmenten hergestellt werden können! Ermitteln Sie, welche Maltechniken mit verschiedenen Malfarben zur Anwendung kommen können! Stellen Sie tabellarisch die verschiedenen Maltechniken gegenüber! Malen Sie unter Nutzung einiger verschiedener Techniken farbige Bilder! Informieren Sie sich, welche Maltechniken bevorzugt in welchen Kunstepochen angewendet wurden!
3. Wie kann man folgende Pigmentanstrichmittel herstellen: Leimfarbe, Ölfarbe, Ei-Tempera-Farbe? Nennen Sie nur die Bestandteile!
4. Betrachten Sie die Angabe der Inhaltsstoffe auf einer Zahnpastatube! Stellen Sie fest, welches Pigment enthalten ist und begründen Sie, warum Zahnpasta dieses Pigment enthält!
5. Farbige Kosmetika bezeichnet man auch als dekorative Kosmetika. Welche Eigenschaften und Verwendungsmöglichkeiten lassen sich aus dieser Bezeichnung ableiten? Welche Inhaltsstoffe ermöglichen die einzelnen Verwendungszwecke?
6. Welche dekorativen Kosmetika bevorzugen Sie? Was wollen Sie mit ihrer Benutzung erreichen?
7. An dekorative Kosmetika werden ebensolche Anforderungen wie an Lebensmittelfarbstoffe gestellt! Nennen und begründen Sie solche Anforderungen!
8. Erkunden Sie, aus welchen Pflanzen Farbstoffe gewonnen werden können! Ermitteln Sie, welche der Pflanzenarten in Deutschland wachsen! Unterbreiten Sie einen Vorschlag, welche verschiedenen „Färberpflanzen" in Ihrem Schulgarten angebaut werden könnten!
9. Fertigen Sie eine anschauliche Übersicht über mögliche Anwendungsgebiete von Farbstoffen an!
10. Fertigen Sie eine Tabellle an, in der alle Gegenstände Ihres Zimmers nach folgenden Kriterien aufgelistet werden: Art des Gegenstandes, Farbe des Gegenstandes, Farbgebung durch Pigmente oder durch Farbstoffe!
11. Folgendes Problem wird an Sie herangetragen: Jemand gibt Ihnen eine Lösung und möchte erfahren, ob diese sauer, neutral oder basisch reagiert. Da Sie sich nicht im Chemieraum, sondern zu Hause befinden, haben Sie keine Indikatorlösung zur Verfügung. Wie könnten Sie das Problem trotzdem lösen?
12. Warum setzt man Lebensmittelfarbstoffe ein? Erfolgt ihr Einsatz nur zum Färben von Lebensmitteln? Begründen Sie, warum zunehmend natürliche Lebensmittelfarbstoffe Verwendung finden!
13. Stellen Sie bei verschiedenen Lebensmitteln fest, welche Lebensmittelfarbstoffe enthalten sind (Die EU-Nummern stehen auf dem Etikett.)! Informieren Sie sich bei einer Verbraucherzentrale, ob diese Farbstoffe als unbedenklich eingestuft sind!
14. Natürliche Farbstoffe werden oft durch Extraktion aus Pflanzenteilen gewonnen.
Beschreiben Sie eine einfache Extraktion! Worauf beruht das Prinzip der Extraktion?
15. Farbstoffgemische kann man durch Chromatografie trennen. Erläutern Sie, was man unter Chromatografie versteht und beschreiben Sie eine einfache Durchführung!

Pigmente

Alle farbgebenden Stoffe werden als Farbmittel bezeichnet. Diese werden in *Farbstoffe* und *Pigmente* unterteilt. Farbstoffe sind lösliche organische Verbindungen, Pigmente nicht lösliche anorganische oder organische Verbindungen. Sie kommen in der Natur vor oder werden synthetisch hergestellt (Tabelle; ↗ S. 18).

Bild 46/1 Schwarzpigment

Einteilung der Pigmente. Pigmente bestehen aus unlöslichen Körnchen mit einem Durchmesser zwischen 1/10 000 mm und 5/1 000 mm. *Anorganische Pigmente* haben ein gutes Deck- und Färbevermögen, sind licht-, wetter- und hitzebeständig. In Farbengeschäften kann man anorganische Pigmente als weiße und schwarze (Bild 46/1; *unbunte Pigmente*) und farbige Pulver *(Buntpigmente)* erhalten (Bilder 46/2, 46/3, 46/4, 46/5). Sie werden dort oft auch als Mineralfarben bezeichnet.
Organische Pigmente sind weniger deckend, licht-, wetter- und hitzefest. Sie haben aber eine größere Reinheit, eine größere Leuchtkraft und können in einer Vielzahl von Farbnuancen hergestellt werden.

Bild 46/2 Gelbpigment

Bild 46/3 Rotpigment

Anorganische Pigmente in der Natur

Name	Farbe	Stoff
Bergblau	blau	basisches Kupfercarbonat
Berggrün	grün	basisches Kupfercarbonat
Lapislazuli	ultramarin	schwefelhaltiges Natrium-Aluminium-Silicat
Ocker	gelb	eisenoxidhaltiges Aluminiumsilicat
Zinnober	rot	Quecksilbersulfid
Graphit	schwarz	Kohlenstoff

Anorganische Pigmente industriell hergestellt

Name	Farbe	Stoff
Titanweiß	weiß	Titandioxid
Lithophone	weiß	Zinksulfat und Bariumsulfat
Nickeltitangelb	gelb	Nickel- und Titandioxid-Mischung
Cadmiumorange	orange	Cadmiumsulfid und Zinksulfid
Eisenoxidgelb	gelb	Eisenoxide
Eisenoxidrot	dunkelrot	Eisenoxide
Eisenoxidbraun	braun	Eisenoxide
Eisenoxidschwarz	schwarz	Eisenoxide
Kobaltblau	blau	Cobaltoxid- Aluminiumoxid-Mischung
Ultramarinviolett	violett	Mischung aus Oxiden von Natrium, Aluminium und Silicium

Bild 46/4 Blaupigment

Bild 46/5 Grünpigment

Pigmente für Anstrichmittel. Am häufigsten werden Pigmente zur Herstellung von Anstrichmitteln verwendet. Wasserverdünnbare *Anstrichmittel* sind z. B. Kalk-, Leim- und Dispersionsfarben (Exp. 1 bis 4). *Kalkfarben* sind die ältesten Farbmittel der Menschheit. Sie bestehen aus Kalkbrei (Calciumhydroxid in Wasser) und Pigmenten. Als Zusatzstoffe für Innenanstriche wurde wenig Leinöl, für Außenanstriche wenig Magermilch oder Kasein zugemischt. Kalkfarben sind relativ preiswert, leicht herstellbar, widerstandsfähig gegen Feuchtigkeit und Abrieb. Sie werden durch Industrieabgase oder sauren Regen jedoch leicht zerstört.
Dispersionsfarben bestehen aus einer Kunststoffdispersion als Bindemittel für die Pigmente, Wasser als Lösemittel und weiteren Zusatzstoffen. Dispersionsfarben sind sehr widerstandsfähig und wasserverdünnbar. Nach dem Trocknen sind sie wasserunlöslich. Verwendet werden sie für Außenanstriche (Bild 47/1) und Innenanstriche, als Künstlerfarben, Abtönfarben, Effektfarben, Flammschutzfarben, Raufaserfarben und Dispersionslackfarben.
Mit Wasser nicht verdünnbare Farbmittel sind Ölfarben, *Lackfarben* (Exp. 5), festkörperreiche *Lacke*, Pulver- und Wasserlacke.
Wasserlacke enthalten statt organischer Lösemittel hohe Anteile an Wasser.

Bild 47/2 Farbiger Außentitel eines Nachschlagewerks

Weitere Einsatzgebiete von Pigmenten. Neben der Verwendung zur Herstellung von Anstrichmitteln dienen Pigmente im Mehrfarbendruck dem Bedrucken von Zeitschriften, Katalogen, Plakaten, Büchern (Bild 47/2), Prospekten, Plastikfolien, Blechen (Dosen) und Textilien. Weiterhin dienen sie zum Einfärben von Kunststoffteilen für Spielzeug, Haushaltswaren, Maschinen- und Fahrzeugteilen (Bild 47/3) sowie von Kautschuk- und Gummiprodukten, Textilfasern, Beton, Mörtel, Putz und Kalksandstein sowie emaillierten Gegenständen wie Badewannen, Töpfen, Pfannen und Geschirr. Auch zum Einfärben bestimmter Kosmetika, z. B. Lidstrich, Lidschatten, Puder, und pharmazeutischer Produkte, z. B. Cremes, Zahnpasta, Pillen, werden sie verwendet.

Spezialpigmente. Neben unbunten und bunten Pigmenten gibt es noch weitere Pigmentarten. Leuchtpigmente werden für fluoreszierende Sicherheitsanstriche verwendet, z. B. für Straßenschilder und Fahrbahnmarkierungen. Auch zur Herstellung von Warnkleidung, von Leuchtstofflampen und Bildschirmen, von Fernsehgeräten und Computern werden sie verwendet.
Glanzpigmente bewirken Metalleffekte oder Perlglanzeffekte. Sie werden Auto-, Metallic-, Lichtschutz- und Schmucklacken zugesetzt und zur Herstellung von Kosmetika in Lidschatten eingesetzt.
Korrosionsschutzpigmente schützen Metalle, z. B. Kraftfahrzeugbleche, Brücken, Rohre und Leitungen, vor Zerstörung durch Umwelteinflüsse.

Bild 47/1 Farbige Hausfassade

Bild 47/3 Farbige Produkte aus Kunststoff

Pigmente für farbige Kosmetika. In vielen farbigen *Kosmetika* sind Pigmente enthalten. Diese Kosmetika dienen dekorativen Anwendungen. Ihr Hauptzweck ist die "Verschönerung" ihrer Anwenderinnen und Anwender. Solche Kosmetika sind Gesichts-Make-up, Augen-, Lippen- und Nagelpflegemittel (Bild 48/1) sowie Selbstbräunungs- und Depigmentierungsmittel.
Alle dekorativen Kosmetika enthalten hautpflegende und hautschützende Inhaltsstoffe sowie einen mehr oder weniger großen Anteil an Farbmitteln (Exp. 6 bis 12). Als Farbmittel dienen anorganische *Weißpigmente*, z. B. Zinkoxid, Titandioxid und anorganische Farbpigmente, z. B. Eisenoxide, Chromoxide, Ultramarin, Manganviolett, organische Farbpigmente und *Farblacke*. Außerdem können Glimmerpigmente einen typischen Perlglanz verursachen (Tabelle). Für die Verwendung von Farbmitteln gelten strenge EU-Normen und die deutsche Kosmetikverordnung in Bezug auf Reinheit, Schleimhautverträglichkeit und Toxizität.

Zusammensetzung farbiger Kosmetika (dekorative Kosmetika)

	Gesicht	Augen	Lippen	Nägel
Grundstoffe	Weiß-und Farbpigmente, Netzmittel, Wachse	Weiß- und Farbpigmente, Wachse	Farbpigmente und Farbstoffe, Wachse, Film-, Dispergier-, Glanz-, Bindemittel	Farbpigmente und Farbstoffe, Filmbildner, Lösemittel, Weichmacher
Hilfsmittel	Konservierungsmittel, Antioxidantien, Verdicker, Bindemittel	Konservierungsmittel, Filmbildner, Bindemittel	Konservierungsmittel, Antioxidantien	Viskositätsmittel, Lichtstabilitätsmittel
Wirkstoffe	Vitamine, Lipide, feuchtigkeitsbindende Stoffe, UV-Filterstoffe	Proteine, UV-Filterstoffe	Vitamine, UV-Filterstoffe, Parfüme oder Aromastoffe	Proteine, Öle, Härtungsmittel, Nagelhauterweichungsmittel
Beispiele	getönte Tagescreme, Gesichtspuder, Rouge	Lidschatten, Wimperntusche (Mascara), Eyeliner (Kajalstifte), Augencreme, Augenbrauenstift, Augen-Make-up-Entferner	Lippenstift, Lippenkonturenstift, Lip-Gloss	Nagellacke (Unter-, Transparent-, Creme-, Perllack), Nagelhärter, Nagellackentferner, Nagelhautentferner

Bild 48/1 Farbpigmente in Rouge

Herstellen von Pigmenten. Pigmente können aus farbigen, in der Natur vorkommenden Mineralien, Erzen und Sanden hergestellt werden. Diese werden gewaschen und fein zu Pulver zermahlen. Heute stellt man die meisten Pigmente durch chemische Reaktionen industriell her (Exp. 13 bis 16; Bild 48/2).
Da Pigmente allein keinen festen Farbanstrich bzw. Farbdruck ergeben, werden sie mit verschiedenen wasserverdünnbaren oder nicht wasserverdünnbaren Bindemitteln gemischt. Dadurch haftet der Farbanstrich ausreichend auf der jeweiligen Oberfläche (Exp. 1 bis 5).

Bild 48/2 Herstellen von Pigmentfarben

Farbstoffe

Einteilung der Farbstoffe. Farbstoffe lassen sich einteilen in Farbstoffe pflanzlichen (Bild 49/1) und tierischen Ursprungs, *natürliche Farbstoffe* (Tabelle) und Farbstoffe, die durch chemische Reaktionen industriell hergestellt werden, die *synthetischen Farbstoffe*.

Bild 49/1 Indigopflanze

Einige natürliche Farbstoffe

Name	Farbe	gewonnen aus
Krapp	Rot	Wurzeln der Färberröte
Kermes	Rot	getrockneten Illex-Schildlausweibchen
Karmin (Cochenille)	Rot	getrockneten Dactylopius-Schildlausweibchen
Carotinoide	Rot bis Gelb	Tomaten, Karotten, Paprika
Wau	Gelb	Extrakt der Färberwaupflanze
Safran	Gelb	getrockneten Blütennarben einer Krokusart
Purpur	Violett	Drüsen der Murex-Meeresschnecken
Waid	Blauschwarz	Blättern des Färberwaids
Indigo	Blauschwarz	Blättern des Indigostrauches

Eine weitere Unterscheidung der Farbstoffe kann nach ihrer Farbwirkung und nach Strukturmerkmalen ihrer Moleküle erfolgen.

Verwendung von Farbstoffen. Am häufigsten werden Farbstoffe zum Färben oder Bedrucken von Fasern und Stoffen in der Textilveredlung verwendet (Bild 49/2). Große Bedeutung haben Farbstoffe auch für die Papierfärbung, das Färben von Leder und Kunststoffen, zur Anfärbung von Heizöl oder zum Einfärben von Bohnerwachs, Kerzenwachs und Schuhcremes. Da bestimmte Farbstoffe bei Zugabe von Säuren oder Laugen ihre Farbe ändern, können sie als *Farbindikatoren* verwendet werden, z. B. Universal-Indikator, Methylorange und Phenolphthalein (Exp. 17). Farbstoffe können auch als optische Aufheller für Textilien und in Waschmitteln dienen. Hierbei rufen sie den Effekt hervor, dass sie für den Menschen unsichtbares ultraviolettes Licht in sichtbares blaues Licht umwandeln. Dieses blaue Licht ergibt zusammen mit dem kaum sichtbaren Gelbstich der Textilien ein für unser Auge strahlendes Weiß.

Farbstoffe in Lebensmitteln. Fast alle Nahrungs- und Genussmittel sind gefärbt (Bild 49/3). Kaugummis verkaufen sich rot, gelb oder blau gefärbt besonders gut. Limonaden sollen fruchtiger aussehen, als sie es bei Verwendung von Fruchtsäften sein würden. Farbiges Eis lockt Käufer an und Marmeladen wirken durch Farbe fruchthaltiger.

Bild 49/3 Farbige Gummibärchen

Bild 49/2 Farbenprächtig gekleidete Inderin

Selbst Vollkornbrot erscheint durch Verwendung von Farbstoffen "vollkorniger". Die verwendeten *Lebensmittelfarbstoffe* müssen für den Menschen unbedenklich sein. Ihr Einsatz in Lebensmitteln ist kennzeichnungspflichtig. Auf der Verpackung sind entsprechende *EU-Nummern* anzugeben (↗ Tabelle). Als Lebensmittelfarben können natürliche, synthetisch hergestellte naturidentische und synthetische Stoffe verwendet werden. Besonders synthetische Lebensmittelfarbstoffe können Magen-Darm-Beschwerden, Juckreiz oder Allergien auslösen. Deshalb gehen auch Süßwarenhersteller immer mehr zur Verwendung natürlicher Farbstoffe über, z. B. roter Farbstoff der Roten Bete (Bild 50/1), grüner Farbstoff des Spinats (Bild 50/2), gelbroter Farbstoff der Möhren (Exp. 19, 20; Bild 50/3). Bei den Verbraucherzentralen sind Übersichten über alle Lebensmittelzusatzstoffe erhältlich, die Hinweise über die Bedenklichkeit oder Unbedenklichkeit der verwendeten Lebensmittelfarbstoffe enthalten.

Bild 50/1 Rote Bete und Farbstofflösung aus Roten Beten

Einige Lebensmitttelfarbstoffe

EU-Nr.	Name	Farbe	Herkunft	Verwendung
E 100	Kurkumin	Gelborange	Gelbwurz	Schmelzkäse, Margarine, Senf, Curry
E 110	Gelborange	Orange	synthetisch	Obst- und Gemüsekonserven
E 150a	Zuckerkulör	Braun	erhitzter Zucker (mit/ohne Chemikalienzusatz)	Süßwaren, Brot, Getränke, Geleespeisen und -früchte
E 153	Pflanzenkohle	Schwarz	Verkohlung von Pflanzen	Wachs für Käse- und Wurstüberzüge
E 162	Betenrot	Rot	Rote Bete	Süßwaren, Konfitüren, Suppen
E 171	Titandioxid	Weiß	Eisentitanerz	Zahnpasten

Bild 50/3 Möhren und Farbstofflösung aus Möhren

Herstellen von Farbstoffen. Die meisten in den Zellen der Pflanzen enthaltenen Farbstoffe lassen sich durch Trennverfahren wie *Extraktion*, Filtration, Erhitzen unter Rückfluss und *Destillation* aus den Pflanzenteilen isolieren. Die Zellstrukturen der Pflanzen müssen dabei vorher zerstört werden, damit der Farbstoff austreten kann. Aus den erhaltenen Farbstofflösungen lassen sich durch Verdampfen des Lösungsmittels feste Farbmittel gewinnen. Durch unterschiedliche Verfahren, z. B. Umkristallisieren in wenig Methanol oder Ethanol, können teilweise kristalline Farbmittel hergestellt werden (Exp. 21, 22).

Bild 50/2 Spinat und Farbstofflösung aus Spinat

Auf ähnliche Weise lassen sich auch die für Zuckerprodukte wie Lakritze oder Schokolinsen verwendeten Farbstoffe aus diesen herauslösen (Exp. 20).
Der Herstellung synthetischer Farbstoffe liegen teilweise komplizierte chemische Reaktionen zugrunde. Einige dieser chemischen Reaktionen können unter Beachtung entsprechender Sicherheitsbestimmungen auch im Chemieunterricht durchgeführt werden (Exp. 23, 24; Bild 51/1 und 51/2).

Bild 51/1 Kristalle von Methylrot

Bild 51/2 Kristalle von Phenolphthalein

Trennen von Farbstofflösungen durch Chromatografie. Durch Anwenden einfacher Trennverfahren lassen sich die aus Pflanzenmaterial, Lebensmitteln (Zuckerprodukte) und anderen Stoffen (z. B. Filzstiftlösung, Tinte, farbige Säfte) isolierten Farbstofflösungen in einzelne, reine Farbstoffarten trennen. Als Trennverfahren eignet sich z. B. die Chromatografie. Bei der Chromatografie wird das Farbstoffgemisch auf ein saugfähiges Material (Papier, Kreide, Glasplatten, die mit einer dünnen, saugfähigen Schicht überzogen sind) aufgetragen. Dieses Material wird in ein Fließmittel gestellt, sodass das Fließmittel durch die feinen Strukturen des Materials aufsteigen kann. Beim Aufsteigen löst das Fließmittel die Farbstoffe und nimmt sie mit. Diese kleinsten Farbstoffteilchen werden in unterschiedlicher Weise von dem saugfähigen Material zurückgehalten und wandern deshalb unterschiedlich schnell. Auf der Papierschicht, dem Kreidestück oder der Dünnschichtplatte bilden sich dann Zonen, die nur Teilchen eines Farbstoffes enthalten. Da man diese Zonen mit dem bloßen Auge gut erkennen kann, lässt sich feststellen, wie viele und welche Farbstoffe in der Farbstofflösung vorlagen (Exp. 25 bis 28).

Geschichte der farbgebenden Stoffe

Erdfarben. Die erste Verwendung von Farbmitteln zeigen 176 000 Jahre alte Felszeichnungen von Kängurus, die 1996 im Nordwesten Australiens entdeckt wurden, und Höhlenmalereien aus der Zeit zwischen 40 000 und 10 000 v. Chr. in Lascaux/Südfrankreich (Bild 51/3) und in Altamira/Nordspanien. Nach heutigem Kenntnisstand nutzten die Menschen dafür Pigmente, die früher als "Erdfarben" bezeichnet wurden (Exp. 1). Auch die verwendeten Pigmente der genannten prähistorischen Wandmalereien sind bekannt. Verwendung fanden gelber, roter und brauner Ocker (das sind Erden mit einem Anteil unterschiedlicher Eisenoxide) sowie Ruß und Pflanzenaschen. Im Vorderen Orient und in Ägypten kannte man neben den gelben, roten und braunen Pigmenten bereits Gips und Kalk als weiße Pigmente sowie grüne und blaue Pigmente. Für einige Pigmente entwickelte man bereits vor etwa 5 000 Jahren Verfahren zu deren künstlicher Herstellung.

Bild 51/3 Steinzeitliche Höhlenmalerei

Prachtvolle Wandmalereien, gefundene Schminken und Körperfarben zeugen noch heute von der Verwendung der Pigmente im Römischen Reich. In den römischen Wandmalereien hat man über 35 verschiedene Pigmente nachgewiesen. Natürliche Pigmente wurden bis weit in das 19. Jahrhundert verwendet, bis sie von künstlich hergestellten Pigmenten immer mehr verdrängt wurden. Heute kommen natürliche Pigmente überwiegend in Künstlerfarben zum Einsatz.

Bild 52/1 Illex- und Dactylopiusschildläuse

Natürliche Textilfarbstoffe. Da Erdfarben nicht zur Einfärbung von Textilien geeignet waren, nahm man farbige Pflanzensäfte oder aus Tieren gewonnene Farbextrakte. Als Ausgangsmaterial zum *Färben* dienten Blüten, Blätter, Früchte, Wurzeln, Rinden, Hölzer oder ganze Pflanzen. Auch verschiedene Schildlausarten (Bild 52/1) und Meeresschnecken lieferten zum Färben geeignete Stoffe.
Schon am Ausgang der Steinzeit waren die Farbtöne Gelb, Rot, Braun und Schwarz mit Naturfarbstoffen erzielbar. Seit etwa 2 000 v. Chr. verwendete man blauen Indigo, roten Kermes, roten Krapp und gelben Saflor. Als teuerster Farbstoff gilt der antike Purpur, der aus Schleimsekreten der Purpurschnecke gewonnen wurde. Dieser Farbstoff war so kostbar, dass er nur dem Färben der Gewänder von Herrschern vorbehalten war (Bild 52/2). Viele Kenntnisse über Farbengewinnung und Färbeverfahren gingen in der Zeit der Völkerwanderungen auf abendländischem Gebiet verloren. Nur in Byzanz und im Orient blieben manche Kenntnisse den Nachkommen erhalten. So ist z. B. erwiesen, dass die Türken die Kunst der Krappfärberei retteten. Diese Farbe wurde deshalb als Türkischrot bezeichnet. Vom Orient aus gelangten die Kenntnisse erneut auf europäischen Boden. Allerdings blühte erst um 1 200 n. Chr. am Mittelmeer die Färberei wieder auf. Besonders Venedig, Genua und Florenz entwickelten sich zu Färbereizentren. Am Ende des Mittelalters waren etwa 30 Farbstoffe bekannt.

Bild 52/2 Purpurgewand einer Königin

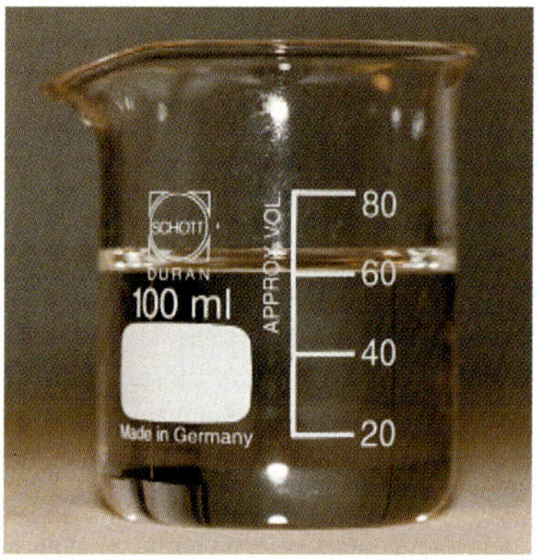

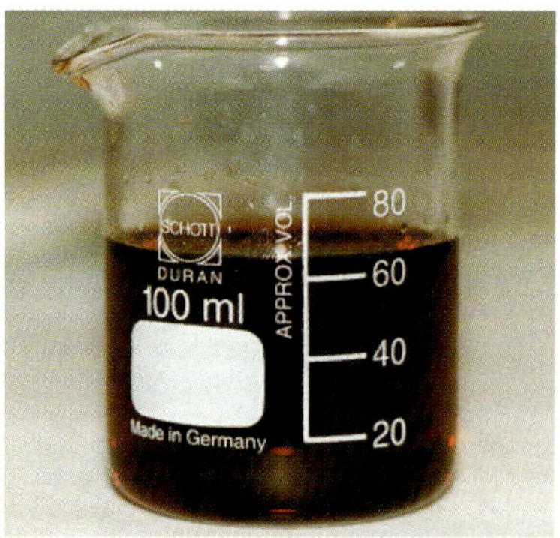

Synthetische Farbstoffe. Mit der Entwicklung der Textilindustrie und wachsenden Ansprüchen der Menschen an farbige Kleidung nahm der Bedarf an Farbstoffen rasch zu. Mit natürlichen Farbstoffen konnte der Bedarf nicht mehr gedeckt werden. Außerdem waren sie teilweise sehr teuer.
Die ersten synthetischen Farbstoffe wurden im 19. Jahrhundert zufällig entdeckt. RUNGE (deutscher Chemiker, 1795 bis 1867) isolierte 1834 aus Steinkohlenteer Anilin, aus dem Anilinschwarz gewonnen wurde (Bild 52/3). Ebenfalls zufällig fand PERKIN (englischer Chemiker, 1838 bis 1907) 1856 bei der Oxidation von verunreinigtem Anilin einen purpurvioletten Farbstoff, den er Mauvein nannte. Dieser Farbstoff war der erste technisch genutzte synthetische Farbstoff.
In den folgenden Jahren begann die systematische Erforschung von Synthesemöglichkeiten für neue Farbstoffklassen (Bild 53/1). Heute stehen etwa 7 000 verschiedene Farbstoffe zur Verfügung, die jedem Verwendungszweck gerecht werden.

Bild 52/3 Teer (oben), Anilin (Mitte), Anilinschwarz (unten)

Bild 53/1 Alte Farbmusterkarte der Firma Bayer

5 Verfahren zur Farbgebung

Seit die Menschen Kleidung tragen sind sie daran interessiert, diese farbig zu gestalten. Sie lernten, aus Pflanzen und Tieren gewonnene Farbstoffe zu nutzen, um Stoffe mit den verschiedensten Farbtönen zu versehen. Noch heute kann man in afrikanischen und asiatischen Ländern die Ursprünglichkeit der Textilfärbung erleben.

1

Experimente

Wir färben Textilien

Arbeitshinweise: Tragen Sie bei allen folgenden Experimenten Schutzbrille und Schutzhandschuhe! Beachten Sie die Hinweise zu Gefahrstoffen und Entsorgung (↗ 2. Umschlagseite).

Bei allen Experimenten können statt der vorgeschlagenen Stoffproben sogenannte Mehrfaserbänder verwendet werden.

Auf diesen Bändern sind verschiedene Faserarten eingewebt, z. B. Wolle, Seide, Baumwolle, Polyamid-, Polyester- und Polyacrylnitrilfasern.

Auf diese Weise lässt sich leicht feststellen, welcher Farbstoff und welches Färbeverfahren für die jeweiligen Faserarten am besten geeignet ist.

Die Bänder können in Textilbetrieben bezogen oder selbst hergestellt werden.

Experiment 1: Direktfärben mit Heidelbeeren
Kochen Sie etwa 1 Stunde lang 150 g Heidelbeeren (Tiefkühlprodukt) in 100 ml Wasser und geben Sie nach dem Filtrieren zu der Farbstofflösung 30 ml 15%ige Essigsäure (Xi)! Erhitzen Sie in der Lösung etwa 1 Stunde lang verschiedene Textilstücke unter Umrühren auf 90 °C! Stellen Sie fest, bei welcher Faserart die kräftigste Färbung erzielt wurde! Färben Sie mit der Lösung Ostereier!

Experiment 2: Substantives Färben mit BENZO Blau FBL
Lösen Sie 0,05 g BENZO Blau FBL in 20 ml siedendem Wasser und füllen Sie anschließend auf 200 ml mit Wasser (70 °C) auf! Rühren Sie in diese Lösung 10 ml 10%ige Natriumsulfatlösung ein! Geben Sie 5 g gereinigtes Baumwollgewebe in die Farbstofflösung und halten Sie die Temperatur der Lösung etwa 10 Minuten bei 70 °C. Rühren Sie das Textilmaterial mehrmals mit einem Glasstab so um, dass es gewendet und untergetaucht wird. Spülen und trocknen Sie das gefärbte Material anschließend.

Experiment 3: Küpenfärben mit Indigo

1 g Indigo wird in 500 ml Wasser bei 55 °C gelöst und anschließend unter Rühren 3 ml 33%ige Natronlauge (C) und 2,5 g Natriumdithionit zugeben. Die zu färbende Wolle bleibt unter vorsichtigem Bewegen 20 min lang bei einer Temperatur zwischen 50 °C und 55 °C in der Lösung. Danach wird die Wolle über der Farbstofflösung ausgepresst und an der Luft getrocknet. Anschließend wird die Wolle im handwarmen Seifenbad gewaschen und so lange mit Wasser gespült, bis das Spülwasser klar bleibt.

Experiment 4: Beizenfärben mit Alizarin

Stellen Sie zwei Beizen her:

a) 2 bis 3 g Eisen(III)-chlorid (Xn) in 250 ml Wasser lösen,
b) 2 bis 3 g Aluminiumacetat in 250 ml Wasser lösen!

Bringen Sie je ein Stück Baumwollstoff in jede Beize, so dass sie gut mit Beizlösung benetzt sind! Hängen Sie anschließend die Gewebeproben über drei Bechergläser mit siedendem Wasser, so dass sie etwa 10 min lang heißem Wasserdampf ausgesetzt sind!

c) Vom Lehrer wird eine dritte Baumwollprobe zur Verfügung gestellt, die in einer Lösung von 2 bis 3 g Cobalt(II)-chlorid (T) in 250 ml Wasser gebeizt wurde.

Geben Sie die drei gebeizten und eine ungebeizte Gewebeprobe in eine Suspension aus 250 ml Wasser, 2 g Alizarin und 0,2 g Natriumacetat! Erhitzen Sie bis zum Sieden und belassen Sie die Baumwollstücke für etwa 5 Minuten in der Lösung! Spülen Sie danach die Gewebeproben mit warmem Wasser und lassen Sie anschließend trocknen! Stellen Sie fest, welche Färbungen mit den unterschiedlichen Beizen erzielt werden können!

Experimente 5 bis 10: Beizenfärben mit Naturfarbstoffen

Allgemeine Hinweise: Vorsicht, mit Schutzbrille und Gummihandschuhen arbeiten!

Arbeiten Sie so sorgsam, dass keine Farblösungen auf Fußböden, Bänke, Tische, Kleidung und die Haut gelangen können, da oft sehr haltbare Färbungen entstehen!

Wolle ist eine sehr empfindliche Naturfaser. Es darf z. B. beim Färben nicht stark gerührt werden, sonst verfilzt Wolle. Notwendige Temperaturänderungen müssen langsam erfolgen, da Wolle durch einen Temperaturschock ebenfalls verfilzen kann. Außerdem verträgt Wolle keine zu starken alkalischen Lösungen. Vorbereitung der Pflanzenmaterialien: Weichen Sie alle Pflanzenmaterialien über Nacht getrennt in Wasser ein! Beizen der Wolle: Für alle Färbungen muss die Wolle gebeizt werden. Für je 10 g Wolle benötigt man eine Mischung von 2 g Alaun (Kaliumaluminiumsulfat $KAl(SO_4)_2$ und 0,2 g Weinstein (Kaliumhydrogentartrat KOOC-CHOH-CHOH-COOH). Bei Cochenillefärbungen nimmt man für 10 g Wolle 1,6 g Alaun und 0,4 g Weinstein.

Die Beizungen werden in 500 ml Bechergläsern durchgeführt. Im Becherglas werden 250 ml Wasser auf 30 °C erwärmt. Dann werden die aufgelöste Beizmischung und die ungefärbten, vorher in klarem Wasser gespülten und ausgepressten Wollfäden in die Beize gegeben. Dabei sind jeweils 10 g Wollfäden an mehreren Stellen zusammenzubinden, damit sie sich nicht verwickeln und getrennt wieder entnommen werden können. In ein Becherglas werden so viele Wollproben gegeben, dass sie sich im Glas mit einem Stab noch bewegen lassen. Danach wird das Wasser langsam auf 90 °C bis 95 °C erhitzt und 1 Stunde lang diese Temperatur gehalten. Ab und zu wird die Wolle vorsichtig mit einem Stab in der Beize bewegt. Die Wolle bleibt bis kurz vor dem Färben in der Beize (Bild 55/1).

Experiment 5: Färben mit Birkenblättern

10 g Birkenblätter werden in 500 ml Wasser eine Stunde lang bei 80 °C erhitzt. Nach Abkühlung wird filtriert und die Farbstofflösung auf 25 °C erwärmt. Danach wird die vorher in klarem Wasser gespülte gebeizte Wolle zugegeben und unter ständiger, aber vorsichtiger Bewegung der Wolle auf 60 °C erhitzt. Dann wird weiter auf 80 °C erhitzt und die Temperatur eine Stunde lang beibehalten. Etwa alle 10 Minuten wird die Wolle vorsichtig bewegt. Nicht rühren, da Wollfäden leicht verfilzen! Nach einer Stunde werden die Wollstränge entnommen. Wenn sie abgetropft und abgekühlt sind, werden die Stränge so lange gespült, bis sich das Spülwasser nicht mehr verfärbt.

1

Experiment 6: Färben mit Ginster

7 g Ginsterblüten werden in 500 ml Wasser 1 Stunde lang bei 80 °C erhitzt. Das weitere Vorgehen entspricht der Färbung mit Birkenblättern.

Experiment 7: Färben mit Färberwau

6 g Färberwau werden in 500 ml Wasser 1 Stunde lang bei 80 °C erhitzt. Das weitere Vorgehen entspricht der Färbung mit Birkenblättern.

Experiment 8: Färben mit Nussbaumblättern

10 g Nussbaumblätter werden in 500 ml Wasser 1 Stunde lang bei 90 °C erhitzt. Das weitere Vorgehen entspricht der Färbung mit Birkenblättern. Die Farbbadtemperatur soll jedoch 90 °C betragen.

Experiment 9: Färben mit Krapp

8 g Krapp-Pulver werden am Tag vor dem Färben mit Wasser zu einem dünnflüssigen Brei verrührt und über Nacht stehen gelassen. Vor dem Färben wird der Brei in 500 ml Wasser gegeben und zum Erreichen leuchtender Färbungen 1 g Kreide zugegeben. Das weitere Vorgehen entspricht der Färbung mit Birkenblättern.

Experiment 10: Färben mit Cochenille
2,5 g Cochenillepulver und 1,25 g Weinstein werden am Tag vor dem Färben mit Wasser zu einem dünnflüssigen Brei verrührt und über Nacht stehen gelassen. Vor dem Färben wird der Brei in 500 ml Wasser gegeben.
Das weitere Vorgehen entspricht der Färbung mit Birkenblättern.
Die Farbbadtemperatur soll jedoch 90 °C betragen.

Experiment 11: Lichtechtheit gefärbter Textilien
Setzen Sie ein mit synthetischem und ein mit natürlichem Farbstoff gefärbtes Textilstück (Exp. 1 bis 10) längere Zeit intensiver Sonneneinstrahlung aus!
Decken Sie jeweils einen Teil der Textilstücke ab!
Vergleichen Sie bei beiden Textilstücken den der Sonne ausgesetzten Teil mit dem abgedeckten Teil und die Textilstücke miteinander!

Aufgaben

1. Blaue Jeans werden mit Indigofarbstoffen gefärbt. Überlegen Sie, welche der bekannten Gebrauchsechtheiten für Textilien die gefärbten Jeans nicht haben sollen. Welchen Effekt erreicht man bei stonewashed Jeans?
2. Fertigen Sie eine Übersicht über Gebrauchsechtheiten von Textilien an! Unterbreiten Sie Vorschläge, wie man die Echtheiten experimentell überprüfen kann! Entwickeln Sie zur Feststellung jeder Echtheit eine Experimentiervorschrift, die enthalten soll: Geräte und Chemikalien; Durchführung; erwartete Beobachtungsergebnisse!
3. Auch in Ihrem Haushalt spielen verschiedene Formen der Farbgebung eine Rolle. Versuchen Sie rückblickend über einen längeren Zeitraum festzustellen, wer in Ihrem Haushalt zu welchem Zweck Farbgebungsverfahren angewendet hat! Welche Formen der Farbgebung kamen dabei zur Anwendung? Überlegen Sie, welche Umweltbelastungen dabei aufgetreten sein könnten! Prüfen Sie, ob alle Möglichkeiten der Reduzierung von Umweltbelastungen ausgeschöpft wurden! Nennen Sie Möglichkeiten, eigene Beiträge zur Umweltentlastung beim Umgang mit Farbstoffen und Malerfarben zu leisten!
4. In der jüngsten Zeit gibt es zahlreiche Diskussionen, dass Naturfarbstoffe eine wichtige Alternative zu den heute in der Textilindustrie verwendeten synthetischen Farbstoffen darstellen. Als Argumente werden u. a. genannt:
   Synthetische Farbstoffe sind naturfremd. Sie werden durch "Gewalt" (hohe Temperaturen, Druck, Katalysator) hergestellt, ohne die die Stoffe selbst nie reagieren würden.
   Naturfarbstoffe sind keine oder "sanfte" Chemie. Was aus der Natur kommt, kann nicht schlecht sein. Naturfarbstoffe werden aus nachwachsenden Rohstoffen hergestellt, synthetische vorwiegend aus Erdöl. Im Zeitalter der Energieknappheit muss auf nachwachsende Rohstoffe zurückgegriffen werden. Naturfarbstoffe bauen sich besser biologisch ab und sind für die Umwelt verträglicher. Naturfarbstoffe sind weniger giftig als synthetische. Naturfarbstoffe wirken beruhigend auf den Menschen. Sie bringen ihn in einen harmonischen Einklang mit seiner Umwelt. Naturfarbstoffe kann man im eigenen Garten anbauen und damit die selbst gesponnene Wolle färben. Setzen Sie sich mit diesen Argumenten auseinander. Bilden Sie sich eine eigene Meinung!
5. Bereiten Sie mit Schülerinnen und Schülern Ihres Kurses ein Rollenspiel zur Problematik „Färben mit Naturfarbstoffen – Pro und Contra" vor! Vergeben Sie folgende Rollen und informieren Sie sich, welche inhaltlichen Positionen durch diese vertreten werden könnten: Vertreter der Farbenindustrie, Vertreter der Textilindustrie, Vertreter der Verbraucherverbände, Vertreter der Verbraucher, Mediziner, Chemiker, Inhaber eines Textilgeschäftes! Denken Sie sich weitere mögliche Rollenbesetzungen aus! Sammeln Sie alle Pro- und Contra-Stimmen vor Beginn des Rollenspiels und an dessen Ende.
6. Überlegen Sie, welche pflanzlichen Materialien zum Gewinnen von Naturfarbstoffen geeignet sein können! Fertigen Sie eine Übersicht an, wo in der näheren Umgebung Ihres Wohnortes bzw. Ihres Schulortes zum Färben geeignete Pflanzen wachsen!
7. In vielen Gebieten Deutschlands ist es Tradition, zu Ostern Hühnereier zu färben (Bild 56/1). Überlegen Sie, welche Möglichkeiten des Eierfärbens bestehen, ohne in einem Geschäft dafür Farbstoffe kaufen zu müssen!

1

Farbgebung von Textilien

Drucken. Textilien können auf unterschiedliche Weise farbig gestaltet werden. Beim Drucken wird das Gewebe nur "von einer Seite" mit einer Druckpaste, die den Farbstoff in verdickter Lösung oder Suspension enthält, mit Druckwalzen oder Druckschablonen *bedruckt*. Die Druckpaste ist erforderlich, damit der Farbstoff nicht auf der Faser verläuft. Bedruckt werden können nur Gewebe oder Gewirke, aber keine Fäden oder Garne (Bild 57/1).

Färben. Bei diesem Verfahren wird der Farbstoff "von allen Seiten" an das zu färbende Textilgut herangebracht. Das geschieht meist in wässriger Lösung oder Suspension, der sogenannten *Flotte*. Beim Färben wandert der Farbstoff gelöst oder in feiner Verteilung aus der Flotte in die zu färbende Faser. Dabei handelt es sich in erster Linie um einen physikalischen Vorgang. Viele Farbstoffe haften durch chemische Bindungen auf den Fasern der Textilien.

Bild 57/1 Filmdruckmaschine zum Bedrucken von Textilien

Textilien lassen sich nach jeder Fabrikationsstufe färben, als Faser, als Garn und als Gewebe oder als Gewirke. Je nach "Färbemechanismus" werden unterschiedliche *Färbeverfahren* unterschieden.
Beim *Direktfärben* zieht der Farbstoff direkt aus der Flotte auf die Faser auf. Die Farbstoffmoleküle können in Hohlräume eingelagert werden (Exp. 1). Es können sich aber auch chemische Bindungen zwischen elektrisch geladenen Gruppen der Farbstoffmoleküle und elektrisch geladenen Gruppen der Fasermoleküle ausbilden (Exp. 2; Bild 57/2). Durch diese Art der Direktfärbung lassen sich vor allem Textilien aus Proteinfasern wie Seide oder Wolle färben. Bei Cellulosefasern wie Leinen oder Baumwolle ist es erfolglos.
Beim *Entwicklungsfärben* entsteht der Farbstoff erst durch chemische Reaktionen auf der Faser. Zu diesem Verfahren gehören u. a. das *Küpenfärben* und das Beizenfärben. Beim Küpenfärben, z. B. mit *Indigo*, muss der eigentlich nicht lösliche blaue Farbstoff erst reduziert werden. In der reduzierten Form ist er farblos und wasserlöslich. Früher wurde das Verfahren in Fässern, den Küpen, durchgeführt. Deshalb bezeichnet man die reduzierte Form des Indigos als Küpe. Das Farbgut wird in der Küpenlösung getränkt und anschließend an der Luft getrocknet. Der unlösliche blaue Farbstoff entsteht durch Reaktion mit dem Sauerstoff der Luft direkt auf der Faser (Exp. 3; Bild 58/1). Indigofärbungen sind nicht wasch- und reibecht. Das ist bei Jeans erwünscht.
Beim *Beizenfärben* werden die Textilien mit Metallsalzen vorbehandelt (gebeizt). Die gebeizte Faser wird in die Flotte eingebracht und an der Faseroberfläche bildet sich ein sogenannter Farblack. Wolle und Seide lassen sich mit dieser Form des *Entwicklungsfärbens* gut färben (Exp. 4 bis 10).

Bild 57/2 Labortests zum Reaktivfärben

Acetatseiden und Polyesterfasern können durch *Dispersionsfärben* gefärbt werden. Die meist schwer löslichen Farbstoffe liegen als Dispersion in Wasser vor. Die Farbstoffteilchen werden beim Färbevorgang von der Faser adsorbiert und diffundieren in die Fasern. Dadurch erhält man echte und dauerhafte Färbungen.

1 2 3 4 5

1. Der Farbstoff wird in Wasser suspendiert.
2. Der Farbstoff wird mit einem Reduktionsmittel zur Leukoform verküpt.
3. Nach dem Eintauchen der Baumwolle durchdringt die Küpe das Gewebe.
4. und 5. Die Leukoform wird zum Farbstoff reoxidiert.

Bild 58/1 Arbeitsschritte beim Küpenfärben

Probleme bei der Herstellung und Verwendung von Farbstoffen

Umweltbelastung. Bei der industriellen Herstellung von Farbstoffen, bei der Textilfärbung und dem Textildruck entstehen farbige *Abwässer*, die ökologisch sehr bedenklich sein können. Sie enthalten Reste von Farbstoffen, die teilweise giftig sein können und in natürlichen Gewässern kaum abgebaut werden. Bei synthetischen Farbstoffflotten sind die Anteile an Restfarbstoffen deutlich geringer als bei Verwendung natürlicher Farbstoffe. Außerdem beeinflussen Farbstoffreste durch das Färben der Gewässer (Farbstoffe sind selbst dann noch sichtbar, wenn sich in 10 Millionen Teilen Wasser nur noch 3 Teile Farbstoff befinden.) den Lichteinfall und damit den Sauerstoff- und Wärmeaustausch des Gewässers mit seiner Umgebung. Beim Färben von gebeizten Textilien können in den Flotten Schwermetall-Ionen verbleiben, wie Kupfer-, Chrom-, Nickel-, Cobalt- und Zink-Ionen. Durch Ersatz einiger Farbstoffe und durch Verbesserung der Technologie, z. B. Abschaffen des Vorbeizens der Fasern, lässt sich der Anteil an diesen Ionen aber stark reduzieren. Färben mit natürlichen Farbstoffen erfordert fast immer eine Vorbeize der Fasern, da sonst die Färbungen nicht dauerhaft sein können. Beim Beizen müssen Metallsalze verwendet werden. Dadurch gelangen mehr Schwermetall-Ionen in das Abwasser als bei Verwendung synthetischer Farbstoffe. Selbst das Färben mit Naturfarbstoffen nach Vorschriften aus Hobbybüchern führt zu einer starken Umweltbelastung durch Schwermetall-Ionen, die in das Abwasser oder das Grundwasser gelangen können. In der Industrie oder im Chemieunterricht dürfen die dabei anfallenden Abwässer nicht in das Abwassernetz entsorgt werden.

Wegen der ökologischen Probleme müssen durch die Farben herstellende und die Farben anwendende Industrie bestimmte Maßnahmen zum Umweltschutz umgesetzt werden. Solche Maßnahmen sind z. B. das Sichern einer möglichst geringen Abwasserbelastung durch optimale Ausbeutung der Flotte. Heute gibt es schon

Verfahren, durch die über 95 % des Farbstoffes aus der Flotte an die Fasern gebunden werden können. Die Entwicklung und der Einsatz moderner Färbeverfahren, der Ersatz des Wassers der Färbeflotten durch recycelbare Lösungsmittel, das Verhindern des Einleitens farbiger Abwässer in natürliche Gewässer, das Aufbereiten des verwendeten Wassers in speziellen Kläranlagen (Bild 59/1), die Entfernung nicht abbaubarer Farbstoffe durch Aktivkohlefilter oder durch Entsorgen mit dem Klärschlamm sind weitere Maßnahmen. Auch im eigenen Haushalt wird mit Farbstoffen und Malerfarben gearbeitet. Dabei können ebenfalls große Umweltbelastungen auftreten. Färbt man selbst ein T-Shirt, gelangen Farbstoffrückstände in das Abwasser. Sollte dieses nicht geklärt werden, besteht Gefahr für das Grundwasser. Auch wenn man sich die Nägel lackiert, Fenster oder Türen streicht oder die Zimmerwände farbig gestaltet – immer bleiben Lack- oder Malerfarbenreste übrig. Diese Reste gehören nicht in den Hausmüll. Sie sind bei Müllentsorgungsunternehmen als Sondermüll abzugeben. Damit Farbpinsel nicht hart werden, reinigt man sie häufig in Lösungsmitteln, z. B. in Terpentin. Auch diese Stoffe müssen extra entsorgt werden. Sie gehören nicht in das Abwasser.

Bild 59/1 Kläranlage zur Abwasserreinigung

Gesundheitliche Beeinträchtigungen. In jüngster Zeit gibt es zunehmend öffentliche Diskussionen über gesundheitliche Probleme beim Tragen farbiger Textilien direkt auf der Haut, die mit synthetischen Farbstoffen, besonders Azofarbstoffen, gefärbt wurden. Bei natürlichen Farbstoffen sind gesundheitsbeeinträchtigende Wirkungen bisher weniger intensiv als bei synthetischen Farbstoffen untersucht worden. Die *allergene* und *sensibilisierende Wirkung* von Cochenille und Beta-Carotin ist jedoch bekannt. Mit sehr geringen Mengen ist das Färben von Lebensmitteln, z. B. Butter mit Beta-Carotin, ungefährlich. Außerdem sind viele Pflanzen aufgrund der in ihnen enthaltenen Farbdrogen giftig, z. B. Goldregen, Tabak, Liguster, Ginster. Sehr viele Färberpflanzen haben auch *pharmakologische Wirkungen*. Es ist deshalb nicht auszuschließen, dass durch die Aufnahme natürlicher Farbstoffe durch die Haut auch solche Wirkungen eintreten können.
Durch toxikologische Untersuchungen vor der Zulassung eines Textilfarbstoffs wird versucht, solche negativen Beeinflussungen zu verhindern. Da Textilien aber neben Färbungen noch vielen anderen chemischen Behandlungen unterzogen werden, sind allergene Reaktionen bei empfindlichen Menschen nicht ganz auszuschließen. Deshalb wird von Verbraucherverbänden gefordert, alle chemischen Stoffe, mit denen Textilien behandelt wurden, exakt zu kennzeichnen.

Spezielle Verfahren der Abwasserreinigung

Arbeitsschritte	Arbeitsmethoden
Überführen gelöster Abwasserinhaltsstoffe in unlösliche	Fällung, Flockung, Neutralisation
Abtrennen der festen Stoffe	Sedimentation Flotation Filtration Zentrifugieren
Überführen von Abwasserbestandteilen in die Gasphase	Destillation Eindampfen
Überführen von Abwasserinhaltsstoffen in eine zweite Flüssigkeitsphase	Extraktion Osmose Ultrafiltration
Festhalten eines Abwasserinhaltsstoffes auf Festkörpern	Adsorption (z.B. Aktivkohle) Ionenaustauscher
Oxidation eines Abwasserinhaltsstoffes	mit Salpetersäure, Wasserstoffperoxid, Ozon, Kaliumpermanganat, Sauerstoff der Luft (bei 800°C bis 1200°C)

Echtheiten gefärbter und bedruckter Textilien. Die Farbqualität bedruckter oder gefärbter Textilien ist nicht allein vom verwendeten Farbstoff abhängig. Ein schöner leuchtender Farbstoff muss noch lange keine ebenso leuchtende Färbung eines Gewebes bewirken. Gefärbte Textilien müssen sogenannte *Gebrauchsechtheiten* besitzen. Darunter versteht man die Widerstandsfähigkeit des gefärbten oder bedruckten Textilguts gegen verschiedenste Einflüsse bei dessen Gebrauch und bei der Pflege.

Bild 60/1 Farbechtheitsprüfung

Gebrauchsechtheit von Textilien	
Lichtechtheit	Beständigkeit gegen Tageslicht (besonders Sonneneinstrahlung)
Wasserechtheit	Beständigkeit gegen Einweichen in kaltem Wasser
Meerwasserechtheit	Beständigkeit gegen Meerwasser (z. B. bei Badetextilien)
Schweißechtheit	Beständigkeit gegen Schweiß
Reibechtheit	Beständigkeit gegen Reiben, Abreiben, Abschmieren in nassem und in trockenem Zustand
Bügelechtheit	Beständigkeit gegen trockenes und feuchtes Bügeln
Wetterechtheit	Beständigkeit gegen Regen und Sonneneinstrahlung (Bild 60/1; Exp. 11)
Reinigungsechtheit	Beständigkeit gegen chemisches Reinigen

Die Echtheit einer Färbung ist von vielen Faktoren abhängig. Dazu zählen z. B. die Art des Farbstoffes, die Art des Färbeverfahrens und der Färbebedingungen (Dauer, Temperatur, Konzentration der Flotte), die Art der Haftung der Farbstoffe auf den Fasern und die Formen der Nachbehandlung des gefärbten Textilguts.
Mit synthetischen Farbstoffen lassen sich praktisch alle gewünschten Farbtöne und Gebrauchsechtheiten erzielen. Auch mit natürlichen Farbstoffen kann man alle Farbtöne erzielen. Natürliche Farbstoffe sind aber keine einheitlichen Farbstoffmischungen (Bild 60/2). Deshalb können Färbungen uneinheitlich, teilweise stumpfer und weniger leuchtend wirken. Die Gebrauchsechtheiten liegen fast immer deutlich unter denen der synthetischen Farbstoffe (Bild 60/3). Die meist mangelnde Waschechtheit kann zu Problemen beim Wäschewaschen führen.

Bild 60/2 Natürlicher Farbstoff

Verfügbarkeit der Farbstoffe. Weltweit werden etwa 40 Mill. t Textilfasern hergestellt und eingefärbt, davon etwa 22 Mill. t Baumwolle und 2,5 Mill. t Wolle. Diese Fasern eignen sich besonders für das Färben mit Naturfarbstoffen. Zum Färben und Bedrucken von Baumwolle und Wolle werden 545 000 t Textilfarbstoffe und etwa 450 000 t Pigmente benötigt.
Zum farbechten Färben benötigt man etwa 1, 5 g Farbstoff auf 100 g Fasern. Um die Farbechtheit zu erreichen, werden etwa 100 g bis 200 g trockener (300 g bis 800 g frischer) Pflanzen auf 100 g Wolle benötigt. Wollte man die gesamte gegenwärtig verarbeitete Wolle mit Naturfarbstoffen färben, würden für die 2, 5 Mill. t Wolle 7, 5 bis 20 Mill. t frischer Färberpflanzen benötigt. Für 22 Mill. t Baumwolle würden noch einmal 66 bis 176 Mill. t Färberpflanzen benötigt.
Synthetische Farbstoffe können jederzeit hergestellt werden und sind somit uneingeschränkt verfügbar.
Viele Pflanzen und Tiere, aus denen natürliche Farbstoffe hergestellt werden können, stehen nicht ganzjährig zur Verfügung.
Um eine ständige Verfügbarkeit natürlicher Farbstoffe trotzdem zu garantieren, wäre eine umfangreiche Lagerwirtschaft erforderlich. Diese würde die Preise für natürliche Farbstoffe erheblich erhöhen.

Bild 60/3 Synthetischer Farbstoff (Fuchsin)

Farbgebung für nichttextile Gegenstände

Die Farbgebung für nichttextile Gegenstände wie Möbel, Maschinen oder Kraftfahrzeuge kann auf unterschiedliche Weise erfolgen. Es gibt viele Möglichkeiten des Farbauftragens, abhängig vom Material und der zu erzielenden Wirkung.

Streichen. Bevorzugtes Verfahren der Farbgebung nichttextiler Gegenstände ist das Streichen. Der Anstrichstoff wird mit Pinsel oder Bürsten mechanisch aufgetragen oder eingerieben und haftet durch Adhäsion dauerhaft auf dem Untergrund.

Rollen. Bei diesem Verfahren wird der Anstrichstoff, vorwiegend Lackfarben und Dispersionsfarben einschließlich plastischer Farben und Kunststoffputze, durch gleichmäßiges Rollen und Andrücken der Rolle an den Untergrund aufgetragen (Bild 61/1). Gegenüber dem Streichen sind ein schnelleres Arbeiten und eine gleichmäßigere Verteilung des Anstrichmittels ohne erkennbare Ansätze erzielbar. Außerdem ist der Farbauftrag auch bei rauen Flächen möglich, ohne deren Struktur zu zerstören (z. B. Raufasertapeten und Strukturtapeten).

Bild 61/1 Auftragen von Anstrichmitteln mit der Rolle

Spritzen. Das Anstrichmittel wird mit Druckluft durch eine Düse auf den Untergrund aufgetragen. Mehrere aufeinander folgende Beschichtungen sind möglich. Dadurch können auch Farbmittel aufgetragen werden, die sich bei Überstreichen mit einem Pinsel wieder lösen würden (z. B. Nitrolacke). Spritzen führt zu sehr gleichmäßigen Beschichtungen; es kann rasch und auch automatisch erfolgen. Bei der industriellen *Lackierung* von Massenartikeln, z. B. im Fahrzeugbau, wird dieses Verfahren überwiegend angewendet (Bild 61/2).

Tauchen. Der Farbauftrag erfolgt durch Eintauchen der Materialien in sogenannte Tauchbäder. Der verwendete Tauchlack muss immer gleichmäßig ablaufen und darf keine Tropfen oder Läufer bilden. Es eignen sich spezielle Lackfarben und Lasuranstrichstoffe. Holzfenster werden z. B. vollständig in ein Imprägniertauchbad gegeben, sodass ein tiefes Eindringen des Imprägniermittels möglich ist. Industrielle Kleinteile, z. B. Metallwinkel, aber auch Großteile wie Autokarosserien können ebenfalls durch Tauchen ihre Farbgebung erhalten (Bild 61/3).

Bild 61/2 Auftragen von Lacken durch Spritzen

Bild 61/3 Tauchlackieren

Fluten. Bei diesem Verfahren erfolgt der Farbauftrag durch Übergießen mit dem Anstrichmaterial. Nicht verbrauchtes Anstrichmittel wird wieder aufgefangen. Fluten kann in kleinen, transportablen oder in großen, geschlossenen Anlagen erfolgen. Die Farbgebung von Heizkörpern erfolgt häufig durch Fluten. Beim Fluten ist der Lackverbrauch geringer als beim Tauchen. Es muss aber mehr Lösungsmittel eingesetzt werden, da ständig Verdunstungsvorgänge stattfinden (Bild 62/1).

Bild 62/1 Lackierung durch Fluten

Elektrotauchlackierung. Bei diesem auch als Elektrophorese bezeichneten Verfahren wird das Tauchbecken mit wasserverdünnbarer, nicht brennbarer Lackfarbe gefüllt und der metallische Gegenstand eingetaucht. Zwischen Tauchbecken und zu beschichtendem Gegenstand wird ein elektromagnetisches Feld angelegt. Die festen Teilchen der Lackfarbe wandern aufgrund ihrer Ladung zum zu beschichtenden Gegenstand. Beim Herausnehmen des Gegenstandes aus dem Bad ist die Lackschicht bereits fest. Das Verfahren ist besonders umweltfreundlich, da keine Lösungsmittel und nicht entflammbare Lacke eingesetzt werden. Mit diesem Verfahren können auch sogenannte Pulverlacke aufgetragen werden.

Weitere Verfahren. Farbige Oberflächen erhält man auch durch Bedrucken. Farbige Kunststoffe, Gläser und andere Materialien werden nicht durch Beschichtung mit Farbmitteln hergestellt. Bei der Herstellung des Kunststoffes oder des Glases wird durch Zugabe von Pigmenten während des Herstellungsprozesses eine gleichmäßige Färbung der Produkte erreicht.

Färben früher und heute

Schon früher schätzten Menschen farbige Kleidung. Jedoch nur wohlhabende Menschen konnten sich diese leisten. Das lag an den hohen Preisen der Farbstoffe und den teuren, komplizierten Färbeverfahren.

Färben mit Purpur. Zur Gewinnung von 1 g Purpur mussten bis zu 12 000 Schnecken getötet und verarbeitet werden. Dreihundert Jahre n. Chr. kostete in Rom ein Kilogramm purpurgefärbter Wolle nach heutigen Verhältnissen 6 000 bis 7 000 DM, eine Summe, die oft nicht einmal mehr die Mitglieder herrschender Familien aufbringen konnten oder durften. Von Cäsar ist überliefert, dass er das Tragen einer Purpurtoga nur sich selbst erlaubte, Senatoren durften lediglich einen Purpurstreifen am Saum ihrer Toga tragen.
Purpur gewann man aus bestimmten Meeresschnecken (Bild 62/2). Die Schnecken wurden mit speziellen Werkzeugen aus ihren Gehäusen gelöst. Anschließend schnitt man ihnen die Purpurdrüse heraus und versetzte sie mit Salz. Es bildete sich eine gelbe Flüssigkeit. Zu dieser Vorstufe des Purpurs gab man Wasser und fauligen Urin. Die erhaltene Mischung wurde etwa 10 Tage lang gekocht, bis eine ausreichend konzentrierte Farblösung entstanden war. Dann versetzte man die Farbstofflösung wiederum mit Harn und gab als Reduktionsmittel Honig zu. So wurde das endgültige Färbebad, die Flotte, hergestellt. In das Färbebad gab man dann das Färbgut, z. B. Wolle, Seide oder Leinen. Nach bestimmter Zeit wurde das Färbgut entnommen und der Sonne ausgesetzt. Auf der Faser entwickelte sich dann der Purpur in unterschiedlichen Farbnuancen von Rot über Tiefrot bis zum tiefen Violett oder gar zum rötlichen Schwarz. Diese Purpurfärbungen waren äußerst echt und hielten sogar der bleichenden Wirkung der Sonne stand. Seit der Mitte des 15. Jahrhunderts wird nicht mehr mit natürlichem Purpur gefärbt. Statt dessen wurden andere natürliche Farbstoffe, z. B. Kermes und Cochenille, dafür eingesetzt.

Bild 62/2 Purpurschnecken

Färben mit Indigo. Dicke Bündel von Blättern des Indigostrauches wurden in mit Wasser gefüllte große Bottiche gegeben. Nach einsetzender Gärung entstand allmählich eine gelb-grüne Flüssigkeit, die in tiefer gelegene Behälter abgelassen wurde. Damit genügend Sauerstoff der Luft in die Flüssigkeit gelangen konnte, wurde sie mit Ruten und Stöcken gepeitscht. Durch den Sauerstoff der Luft wurde die farblose Vorstufe des Indigos zu blauem, unlöslichem Indigo oxidiert. Jetzt konnte man den Farbstoff abfiltrieren, pressen und trocknen. 100 Kilogramm Blätter ergaben etwa 1, 5 bis 2 kg Indigo. Um mit Indigo zu färben, musste es wieder in die lösliche, farblose Form reduziert werden. Als Mittel dafür verwendete man Zucker oder Arsensulfid. Eine alkalische Lösung erhielt man durch die Zugabe von fauligem Urin. Die Farbe wandelte sich von Blau zu Gelb. Es entstand das Färbebad, die sogenannte Küpe. In diese Küpe wurden die zu färbenden Stoffe getaucht, herausgenommen und an der Luft getrocknet. Durch die an der Luft mit dem Sauerstoff ablaufende Oxidation änderte sich die Farbe von zitronengelb bis zu verschiedenen Blautönen, je nach Verweildauer und Farbstoffkonzentration in der Küpe. Auf diese Weise konnten vom Hellblau bis zum Dunkelblau alle Farbnuancen des Blaus erzielt werden (Bild 63/1). Von diesem Färbeverfahren ist die Redewendung des "Blaumachens" oder des "blauen Montags" abgeleitet. Der Vorgang dauerte längere Zeit, so dass man nach dem Wochenende das eigentliche Färben, das "Blaumachen" durchführte.

Bild 63/1 Mit Indigo gefärbte Jeanskleidung

Industrielles Färben. Durch die Entdeckung und Herstellung synthetischer Farbstoffe können heute alle Farben und Farbnuancen erzielt werden und alle Faserarten gebrauchsecht gefärbt werden. Durch moderne Färbereitechnologie und Maschinenausrüstung gehört auch die schwere, gesundheitsschädliche Arbeit der Farbstoffhersteller und der Färber der Vergangenheit an. Gefärbt wird heute mit Färbeapparaten und Färbemaschinen. Bei Färbeapparaten ruht das Färbegut, die Flotte dagegen wird in Bewegung gehalten und zirkuliert um das Färbegut. Bei Färbemaschinen ruht die Flotte und das Färbegut wird bewegt. Neben diesen Aggregaten gibt es noch riesige Färbeanlagen, auf denen alle zu einer Färbung gehörenden Teilvorgänge kontinuierlich ablaufen. Das weiße Gewebe wird in die Maschine gegeben und verlässt die Maschine am anderen Ende gefärbt, nachbehandelt und getrocknet (Bild 63/2).

Bild 63/2 Färben mit einer kontinuierlich arbeitenden Anlage

Register